궁금했어, 수소

궁금했어, 수소

임지원 글 | 이한아 그림

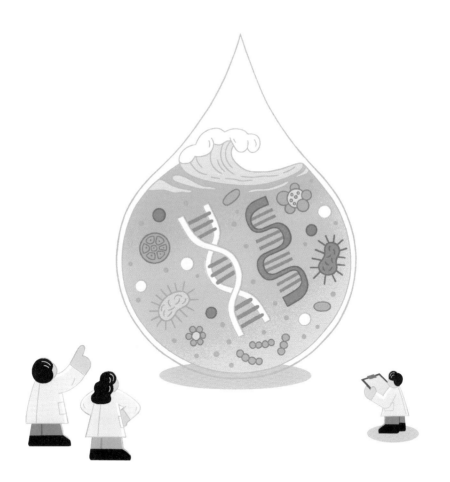

18

🌳 나무생각

차 례

수소란 무엇일까?

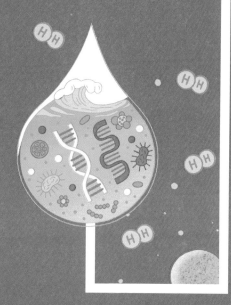

오늘날 우리가
마주한 문제

2019년 뉴욕 UN 본부에서 열린 기후 행동 정상회의에서 당시 16세였던 스웨덴의 소녀, 그레타 툰베리는 떨리는 목소리로 외쳤어.

"어떻게 감히 이럴 수 있나요?"

기후 변화로 많은 사람들이 고통받고 생태계가 무너지고 대멸종이 벌어지고 있는데도 세상을 운영하는 어른들이 별다른 노력을 하지 않고 미래 세대에게 책임과 고통을 떠넘기고 있다고 고발하는 외침이었지.

'어떻게 감히(How dare you)'라는 표현은 좀 당돌하고 버릇없어 보이는 공격적인 말이었어. 하지만 툰베리가 전하려고 한 내용은 너무나 명백하고 공감이 갔기 때문에 어떤 어른도 인상을 찌푸릴 수가 없었지.

지금 우리가 마주하고 있는 위험은 지구가 점점 뜨거워진다는 거야.

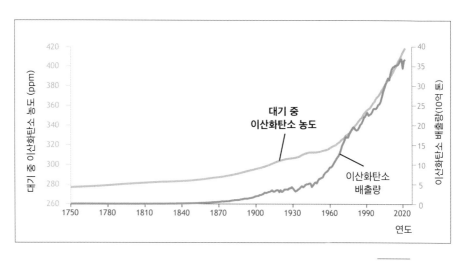

대기 중 이산화탄소 농도와 연간 배출량(1750~2021)

산업 혁명 이후 약 200여 년 동안 사람들은 석탄이나 석유 같은 화석 연료를 엄청나게 많이 사용해 왔어. 그 결과 대기 중에 이산화탄소를 비롯한 온실가스가 너무 많아졌지. 온실가스는 마치 온실처럼 태양열을 가두어서 지구가 점점 뜨거워지게 만들어. 이것이 바로 지구 온난화란다.

얼마 전까지만 해도 대기 중의 이산화탄소가 증가하는 것은 자연적인 현상이고 인간의 활동과 큰 관련이 없다고 주장하는 학자들도 있었어. 하지만 지금은 달라. 온실 효과를 발견한 미국 기상학자 마나베 슈쿠로와 인간 활동에 의한 탄소 배출이 지구 온난화를 가져온다는 것을 정교하게 입증한 독일의 해양학자 클라우스 하셀만이 2021년 노벨 물리학상을 함께 받았어. 이것은 이산화탄소의 온실 효과가 지구 온난화

1장 수소란 무엇일까?

의 주범이라고 세계의 과학자들이 공식적으로 밝힌 것이나 다름없어.

그래프에서 보듯 산업 혁명이 일어난 이후로 이산화탄소 배출량이 늘어났고 그에 따라 대기 중 이산화탄소의 양도 함께 증가했어. 앞의 그래프에는 1750년부터 기록되어 있지만 그래프에 나와 있지 않은 왼쪽 부분을 쭉 연결하더라도 이산화탄소 농도는 적어도 80만 년 동안 280ppm*을 넘지 않았어.

남극의 빙하는 오랫동안 눈이 쌓이고 다져져 언 것이어서 빙하 속에서 과거의 대기 성분을 측정할 수 있어. 빙하에 기록된 바로는 수십만 년 동안 이산화탄소 농도가 빙하기에는 180ppm, 간빙기 때는 280ppm 사이를 오갔어. 그런데 산업 혁명 이후 불과 150년 만에 400ppm을 훌쩍 넘은 것은 인간의 활동과 무관하다고 보기 어렵겠지?

그런데 이 책의 주제인 수소가 지구 온난화와 어떤 관련이 있다는 걸까? 수소 산업, 수소 경제, 수소 모빌리티, 수소 연료, 수소 혁명……. 요즘 뉴스나 방송에서는 지구 온난화 문제의 해결사로 수소를 언급하고 있어. 과연 지구 온난화와 수소가 어떻게 관련되어 있는지, 왜 수소라는 작고 작은 원소가 위기에 빠진 지구와 인류 문명을 구해 낼 수 있는 슈퍼히어로인지 이제부터 알아보도록 하자.

---

* **ppm** 피피엠. 100만분의 1을 나타내는 농도의 단위. 1ppm은 1kg의 물질 안에 다른 물질 1mg이 들어 있는 것을 말한다.

가장 작은 원자,
수소

아주 오랜 옛날부터 사람들은 이 세상이 무엇으로 만들어졌을지 궁금해했어. 세상을 관찰했던 고대의 철학자들은 몇 가지 요소들이 서로 어우러져서 세상 만물을 이루고 있고, 그 요소들이 이리저리 이동하면서 다양한 자연 현상과 생명 현상을 일으킨다고 생각했지.

탈레스는 이 세상을 이루는 근본 요소가 물이라고 생각했고, 아낙시메네스는 공기라고 여겼으며, 헤라클레이토스는 불이라고 주장하는 등 제각기 의견을 펼쳤어. 그런데 기원전 400년쯤 엠페도클레스가 세상은 물, 불, 흙, 공기라는 네 가지 요소로 이루어져 있다고 주장했지. 이것을 '4원소론'이라고 해. 4원소론은 플라톤과 아리스토텔레스를 거치면서 거의 2,000년 동안 서구에서 만물의 근원을 설명하는 이론으로 자리를 잡았어.

과학이 발달하면서 진짜로 이 세상은 몇 가지 요소들로 만들어졌다는 것이 확인되었어. 다만 물, 불, 흙, 공기 같은 게 아니고 100개 정도의 원소였지. 원소 주기율표에 있는 원소 중에 지금까지 발견된 자연에 존재하는 원소의 수는 92개야. 이 세상 모든 것은 이 다양한 원소들을 이리저리 연결해서 만든 것이라고 보면 돼. 지구상의 것이든, 우주에 있는 것이든, 살아 있는 것이든, 생명이 없는 것이든 말이야.

그중에서 가장 작은 것이 바로 수소(H)야. 원자는 모든 물질을 구성하는 기본 단위인데 그중에서도 가장 기본이 되는 원자가 바로 수소지. 다양한 원자들을 조합해서 이어 붙인 분자들은 세상의 모든 물질을 구성하고 있어. 분자는 물질 고유의 성질을 유지하는 최소 단위야.

시작이 반이라는 속담이 있어. 하나를 보고 열을 안다는 속담도 들어 봤지? 모든 원소 중 첫 번째 원소이자 모든 원자 중 가장 작고 단순한 원자인 수소를 잘 알게 되면 다른 원소와 원자도 쉽게 알 수 있을 거야. 여기서 확실하게 알아 두어야 할 것은, '원소'와 '원자'는 비슷하면서도 다른 개념이라는 거야. 원소는 같은 종류의 원자로 이루어진 물질이고, 원자는 원소를 구성하는 개별 입자를 말해.

텅 빈 우주와 닮은 원자

원자는 텅 비어 있는 둥근 구 모양이야. 원자핵이 중심에 있고 전자들이 마치 인공위성처럼 그 주위를 돌고 있지.

실제 크기에 맞춰 원자를 상상해 본다면 지구와 인공위성이라는 비유보다는 태양과 태양 주위를 도는 행성에 비유하는 게 나을 거야. 하지만 그것도 놀라울 만큼 텅 비어 있는 원자의 모습을 전달하는 데는 무리가 있어. 태양을 운동장 한가운데에 놓인 작은 탁구공에 비유하면 태양계 가장 바깥쪽에서 돌고 있는 명왕성*은 탁구공에서 150m 정도 떨어진 운동장 맨 가장자리에 있는 작은 모래알 정도지.

수소 원자 모형

그런데 수소 원자의 원자핵을 태양이라고 한다면, 전자는 명왕성보다 10배 더 먼 거리에서 공전하고 있어. 수소 원자를 운동장 크기만큼 확대해 본다면 원자핵은 운동장 한가운데에 있는 모래알만 하고 눈에 보이지도 않는 전자가 운동장 가장자리를 돌고 있는 셈이야. 원자가 정말 텅 비어 있다는 게 실감 나지?

원자들은 원자핵과 전자로 이루어져 있고 원자핵 안에는 양성자와 중성자가 있어. 수소 원자는 원자 중에서도 가장 작고 단순한 원자라서 양성자 1개와 전자 1개로 이루어져 있단다.

태양의 중력 때문에 행성들이 궤도를 이탈하지 않고 태양 주위를 도는 것처럼 원자핵과 전자 사이에 서로 끌어당기는 힘이

> *명왕성 2006년부터 태양계 행성이 아닌 왜행성으로 분류된다. 소행성 식별 번호 134340.

1장 수소란 무엇일까?

작용하기 때문에 원자가 유지될 수 있어. 원자핵 안의 양성자는 양(+) 전하를, 전자는 음(-)전하를 띠고 있지. 서로 다른 전하끼리는 끌어당기고 같은 전하끼리는 밀어내는 힘이 작용하는데 이것을 '전기력'이라고 해.

원자의
구성

원자를 발견한 영국의 화학자 존 돌턴은 '원자란 더 이상 쪼갤 수 없는 물질의 최소 단위'라고 했어. 하지만 원자는 원자핵과 전자로 나눌 수 있고 원자핵은 또 양성자와 중성자로 나눌 수 있지. 양성자와 중성자는 '쿼크'라고 하는 더 작은 입자들로 이루어져 있어. 하지만 일단 수소에 관해 공부하려면 원자를 이루고 있는 세 가지 입자인 양성자, 중성자, 전자가 무엇인지 아는 것만으로도 충분해.

양성자

서로 다른 원소들은 각기 다른 개수의 양성자를 갖고 있어. 원자 초등학교에서 학생들의 키를 재서 줄을 세웠을 때 제일 작은 꼬마 원자인 수소가 1번이고 다음으로 작은 헬륨이 2번, 리튬이 3번…… 이런 식이야. 이 번호대로 줄 세워서 늘어놓은 것이 바로 '원소 주기율표'이고. 그런데 이 원자 번호가 바로 원자의 양성자 개수이기도 해. 수소는 1번이니까 양성자를 1개 가지고 있겠지?(152쪽 원소 주기율표 참고)

양성자의 개수는 자기만의 개성을 나타내. 나와 친구가 생김새도, 생각도, 취향도 다 다르듯, 각각의 원소들은 각기 다른 화학적 특성을 가지고 있어. 바로 그런 고유의 특성을 결정하는 것이 양성자와 전자야. 양성자와 전자의 수는 같아.

중성자

2번 원소인 헬륨부터는 원자핵에 양성자와 함께 '중성자'라는 것이 들어 있어. 양성자는 이름에서 알 수 있듯 양전하를 띠고 있어. 같은 전하를 가진 입자 사이에는 서로 밀어내는 힘이 작용하는데, 중성자는 작고 작은 원자핵 안에서 서로 밀어내는 양성자들을 꼭 밀착시키는 접착제 역할을 해.

중성자는 대개 양성자와 같은 수만큼 들어 있어. 그런데 반드시 그런 건 아니야. 같은 원소여도 중성자의 개수가 다른 경우도 많아. 양성자 개수는 같은데 중성자 개수가 다른 원소들을 '동위 원소'라고 하지. 중성자가 늘어나도 원소의 무게(질량수 또는 원자량)에 영향을 줄 뿐 원소의 특성은 변하지 않거든. 보통의 나, 조금 뚱뚱한 나, 홀쭉한 나 정도의 차이라고나 할까?

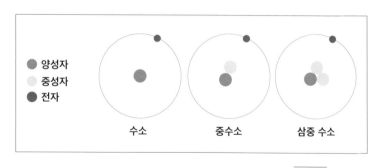

수소 동위 원소

수소의 경우 원자핵에 양성자 1개만 가진 보통의 수소(1H), 양성자 1개에 중성자 1개가 붙은 중수소(2H), 양성자 1개에 중성자가 2개인 삼중 수소(3H), 이렇게 세 가지 형태의 동위 원소가 존재해. 자연에 존재하는 수소의 99.98%가 중성자가 없는 보통의 수소(1H)이고 0.02%가 중수소(2H)야. 삼중 수소(3H)는 불안정해서 자연에 거의 존재하지 않고 인공적으로 만들지.

전자

원소의 화학적 특성은 그 원자가 다른 원자와 어떻게 상호 작용하느냐, 즉 어떻게 반응하느냐에 따라 결정돼. 원자들이 상호 작용해서 다양한 분자를 만들고, 다양한 반응을 일으켜 만물을 변화시키지. 이때 활발하게 원자들 사이의 반응을 직접 일으키는 것이 전자야.

원자핵은 개미굴의 가장 깊은 방에 엎드려 있는 여왕개미처럼 꼼짝달싹하지 않고 원격으로 전자를 끌어당길 뿐이야. 전자는 마치 일개미나 병정개미처럼 부지런히 돌아다니면서 다른 원자의 전자들과 교류하고, 협상하고, 손을 잡기도 하고, 싸우기도 하고, 때로는 다른 전자를 납치하거나 집을 나가 도망쳐 버리기도 하면서 이 세상을 만들고 변화를 가져오지.

양성자 수가 원소의 특성을 결정한다고 했는데, 실제로는 화학 반응에 참여하는 전자가 각 원소의 화학적 특성을 만든다고 할 수 있어. 중성 상태인 원자의 경우 양성자 개수와 같은 수만큼의 전자를 가지고 있으니 결국 같은 말인 거지.

물질을 만드는
원자 세계의 규칙

원자는 이리저리 연결되어 다양한 분자를 만들어. 그런데 여기에는 규칙이 있어. 바로 공유 결합, 이온 결합, 금속 결합이야. 왜 이런 규칙이 나오는지 자세히 알아보는 것은 매우 흥미진진하지만 조금 어려우니 간단하게 비유를 들어 설명해 볼게.

공유 결합

공유 결합은 원자가 사이좋게 다른 원자들과 손을 잡는 거야. 이때 손에 해당하는 것이 전자지. 원자 주위를 도는 전자들은 몇 겹의 껍질과 같은 궤도를 돌아. 원자들은 각각의 껍질을 꽉 채우고 싶어 해. 맨 바깥 껍질에 전자가 앉을 자리가 수소와 헬륨은 2개, 다른 원소들은 대개 8개를 가지고 있어. 그런데 원자들이 가지고 있는 전자의 수는 다 다르니까 가장 바깥 껍질에는 어쩔 수 없이 빈자리가 남게 돼. 이걸 채우기 위해 다른 원자들과 전자를 공유하면서 결합하는 것이 바로 공유 결합이야. 가장 바깥 껍질에 있는 전자를 원자들이 다른 원자와 공유 결합을 맺을 때 쓰는 팔이라고 생각하면 쉬울 거야. 그렇다면 수소(H), 산소(O), 질소(N), 탄소(C) 원자는 이렇게 생겼을 거야.

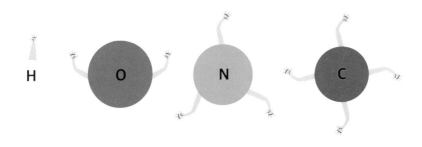

이 원소들을 잘 기억해 두면 좋아. 사실 우리가 알아볼 생명과 에너지의 이야기는 산소와 탄소와 수소의 삼각관계에 관한 것이라고 할 수 있어. 여기에 질소는 조연 정도지만 앞으로 다가올 수소 시대에는 어쩌면 주연만큼 주목받을 수도 있어. 생명의 세계에서도 출연 분량으로는 조연급이지만, 복잡하고 신비로운 단백질을 만드는 데 중요한 원소야.

이온 결합

공유 결합이 편안하고 오래가는 우정에 가깝다면 이온 결합은 격렬한 연애 커플과 비슷해. 이온 결합은 전자를 뺏고 뺏기는, 좋게 말하면 주고받는 관계 속에서 생기는 결합이야.

이온 결합도 공유 결합과 마찬가지로 원자들이 가장 바깥쪽 껍질을 꽉 채우고 싶어 하는 성질에서 비롯돼. 맨 바깥쪽 껍질에 전자가 한두 개만 있는 경우에 원자는 차라리 이 전자들을 내쫓아서 껍질 자체를 없애 버리고 싶어 하지. 깔끔하게 자리가 꽉 차 있기를 바라거든. 반대로 8개 자리 중 빈자리가 한두 개 있는 원자의 경우 어디서 전자를 빼앗아 와서라도 빈자리를 채워 놓고 싶어 해. 참 별난 강박이지? 이런 강박이 이온이라는 흥미로운 현상을 만든단다.

전자를 내다 버리거나 주워다 채운 원자들은 양성자 수보다 더 적거나 많은 전자를 갖게 되겠지? 그 결과 원자는 양전하나 음전하를 띠게 되는데, 이것이 바로 '이온'이야. 그러고 나면 양전하나 음전하를 띤 이온끼리는 서로 자석처럼 찰싹 붙는데, 이것이 바로 이온 결합이야.

금속 결합

금속 결합은 일부 금속 원자들의 결합 방식이야. 양이온 상태의 금속 원자들이 각 잡고 줄지어서 촘촘하게 배열되어 있고(이것을 '결정'이라고 해) 원자들의 가장 바깥쪽 껍질에 있는 전자들은 자유롭게 금속 원자의 집합체인 덩어리 사이를 돌아다니는 형태로 분자를 형성하지. 엄마들(금속 이온)이 규칙적으로 배열된 의자에 촘촘히 앉아 있고 어린아이(전자)들이 좌석 사이를 이리저리 뛰어다니는 장면을 상상해 봐. 이렇게 전자들이 풀어놓은 아이처럼 자유롭게 뛰놀 수 있어서 금속 원소들은 대부분 전기가 잘 통하는 성질이 있어.

모든 원소의 어머니,
수소

우주가 지금으로부터 140억 년쯤 전, '빵(bang)' 하는 대폭발과 함께 한 점에서 시작해서 지금까지 계속 팽창하고 있다는 것이 '빅뱅 우주론(Big Bang)'이야. 몇십 년 전만 해도 사람들은 우주가 탄생할 때 모든 원소가 같이 생겨났을 거라고 믿었어. 그런데 천체를 관측하는 장비가 발전하면서 태어난 지 얼마 되지 않은 어린 별에는 수소와 헬륨만 발견되고, 나이를 제법 먹은 별에는 다른 원소들도 있다는 것을 알게 되었지.

갓 태어난 초기의 우주는 엄청나게 뜨겁고 엄청나게 밀도가 높은 상태였어. 이때 처음 생겨난 것이 '쿼크'나 '렙톤'과 같은 기본 입자들이야. 엄청나게 뜨거운 초기 우주에서 이런 기본 입자들은 무척 빠른 속도로 돌아다녔어.

우주가 팽창하면서 온도가 조금 내려가자 기본 입자인 쿼크들이 모여서 양성자와 중성자를 만들었어. 이때까지 걸린 시간이 단 3분이라고 해. 우주가 계속해서 더 식으니까 자유롭게 떠다니던 전자(렙톤의 일종)들이 양성자에 붙잡혀서 전자 1개가 양성자 1개의 주위를 도는 관계를 맺게 되었어. 그 결과 우리의 주인공 수소가 나타났지. 같은 방식으로 전자 2개가 헬륨 원자핵에 붙잡혀 헬륨(He) 원자를 만들었어. 이게 우주 탄생 후 약 38만 년이 지났을 즈음이야.

수소와 헬륨이 모여서 우주의 구름, 즉 '성운'을 형성했어. 그러자 물질 사이에 중력이 작용해서 별을 만들기 시작했지. 별의 내부는 온도와 압력이 어마어마하게 높아서 수소 원자들이 '핵융합'을 일으킬 수 있어. 핵융합이란 수소 원자핵들이 합체해서 헬륨 원자핵을 만드는 거야. 이 과정에서 아주 약간의 질량이 감소하는데 그 감소한 질량이 에너지로 변해서 방출되지. 태양에서 오는 빛과 열은 바로 태양 내부의 수소 원자들의 핵융합에서 나오는 에너지야.

이처럼 별은 수소를 펑펑 때서 활활 타오르는 거대한 용광로라고 할 수 있어. 수소가 모두 헬륨으로 변하는 데 수십억 년이 걸린다고 해. 이건 138억 년 우주의 역사에서도 상당히 길고 긴 시간이야.

수소를 다 태워 버린 별은 이번에는 헬륨을 연료로 태우기 시작해. 헬륨끼리 융합해서 주기율표의 짝수 번호 원소들을 만들고 때로는 양성자와 중성자가 분해되어 홀수 번호 원소들을 만들기도 하지. 이 과정에서 탄소 그리고 약간의 산소까지 만들어져. 헬륨을 태울 때 나오는 에너지는 수소를 태울 때 나오는 에너지보다 적어서 수억 년이 지나면 헬륨도 다 써 버리게 돼.

태양 정도 크기의 별은 이 정도에서 진화가 멈추고 '백색 왜성'이 되어 생을 마감하지.

태양보다 훨씬 더 큰 별들은 중력이 커서 내부 온도가 훨씬 더 높아. 그러면 탄소를 연료로 태울 수 있어서 수백만 년을 더 버틸 수 있어. 이 과정에서 원소 주기율표의 철(Fe)까지 원소들이 만들어졌지.

그런데 철에 이르면 더 이상 별의 핵융합으로 더 큰 원자를 만들어 낼 수가 없어. 핵융합이란 작은 원소들의 핵이 융합되어 더 큰 원소로 변하면서 에너지를 내놓는 과정인데, 철의 경우 핵융합을 해서 그보다 더 큰 원소가 되려면 에너지를 내놓는 게 아니라 오히려 흡수해야 하거든.

그렇다면 철보다 무거운 원소들은 어떻게 만들어졌을까?

초신성 폭발

별은 안으로 향하는 중력과 바깥으로 작용하는 내부 압력이 균형을 이루면서 둥그런 형태를 유지하고 있어. 내부 압력이란 별의 내부에서 일어나는 핵융합으로 온도가 올라가면서 입자들이 빠르게 운동해서 발생하는 힘이야.

그런데 태울 수 있는 원소들을 다 태우고 철에서 핵융합을 멈춘 별은 갑자기 내부 압력이 줄어들고 중력 때문에 빠르게 쪼그라들면서 붕괴하고 말아. 이것을 안쪽으로 폭발한다는 의미에서 '내파'라고 해. 안

칼 세이건

으로 쪼그라들던 별은 내부의 엄청난 압력 때문에 다시 바깥으로 폭발하게 되지. 이때 별은 많은 빛과 에너지를 내뿜어. 별 하나가 내뿜는 빛이 은하수 전체의 빛과 맞먹을 정도야. 그래서 이름도 '새롭게 나타난 엄청나게 밝은 별'이라는 의미에서 '초신성', 영어로는 슈퍼노바(supernova)라고 하지.

이런 거대한 폭발에서 나오는 충격파가 별의 바깥층에 있는 원자들의 핵융합을 일으켜 철보다 무거운 원소들이 차례로 만들어지는 거야. 그리고 이 원소들은 폭발로 우주 먼 곳까지 퍼져 나가지.

우리가 살고 있는 지구와 우리의 몸, 우리가 먹고 누리고 이용하는 모든 것을 이루는 원소들은 별에서 만들어져 우리에게 왔어.

미국의 천문학자 칼 세이건은《코스모스》에서 이렇게 말했어.

"DNA 속의 질소, 우리 치아의 칼슘, 우리 피 속의 철, 애플파이에 들어 있는 탄소는 모두 붕괴하는 별의 내부에서 만들어졌다. 우리는 별의 물질로 만들어졌다."

이 마법과 같은 거대한 창조의 이어달리기에서 수소는 맨 처음 달려 나온 주자야. 자기보다 커다란 자손을 계속해서 생산한, 원소의 어머니라고 할 수 있지.

140억 년에 걸쳐서 별들이 진화하고 새로운 원소들이 계속해서 만들어졌지만, 여전히 대부분의 우주는 빅뱅 초기에 만들어졌던 수소와 헬륨으로 채워져 있어. 우주의 원소들은 무게로 따지자면 약 74~75%가 수소, 24~25%가 헬륨이고 나머지 원소들은 고작 1~2% 정도야.

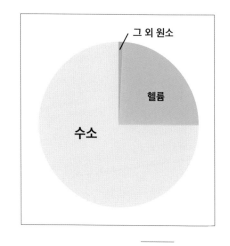

우주를 구성하는 원소

31

수소를 발견한 사람들

맨 처음 수소를 발견한 사람은 누구일까? 우리는 영국의 과학자 헨리 캐번디시를 수소의 최초 발견자로 꼽지. 하지만 대부분의 과학적 발견이 그렇듯, 수소도 그 이전부터 작은 발견들이 쌓여 온 결과라고 할 수 있어. 유명한 16세기의 연금술사 파라켈수스나 '보일의 법칙'으로 유명한 로버트 보일도 산성 용액에 금속을 녹이면 어떤 특별한 기체가 나오며 이 기체가 매우 불이 잘 붙는 성질을 가지고 있다는 사실을 알고 있었어.

그러나 수소라는 기체의 본질을 가장 먼저, 가장 명확하게 밝혀낸 과학자는 헨리 캐번디시야. 캐번디시는 1766년 황산, 염산과 같은 산에 철, 아연 등 다양한 금속을 녹여 보면서 이때 나오는 기체를 따로 모아 다양한 실험을 해 보았어. 그는 유난히 가벼운 이 기체의 무게와 부피를 정확히 측정해서 비중을 계산했지. 그리고 이 기체에 불을 붙이면 엄청나게 잘 타오른다는 사실도 알아냈어. 그는 이 기체를 '불이 잘 붙는 기체'라는 의미로 '가연성 공기(inflammable air)'라고 불렀단다. 그는 또 이 기체를 산소와 함께 태우면 물이 만들어진다는 것도 발견했어.

놀라운 점은 캐번디시가 물을 만드는 산소와 수소의 비율까지 정확하게 계산했다는 거야. 수소와 산소를 연소시켜 물을 만들 때 사용된 수소와 산소의 부피 그리고 만들어진 물의 부피를 정확하게 측정해서 수소와 산소와 물의 비율이 2:1:1이라는 사실을 밝혀냈지.

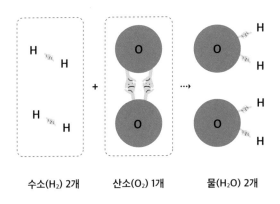

수소(H₂) 2개   산소(O₂) 1개   물(H₂O) 2개

수소 분자와 산소 분자가 결합해서 물 분자를 만드는 과정

    캐번디시의 수소 실험을 재현하고, 수소라는 이름을 붙인 사람은 프랑스의 화학자 앙투안 라부아지에야. 라부아지에는 이 기체에 물을 만드는 물질이라는 의미로 '수소(hydrogen)'라고 이름을 붙였어. 그는 공기가 질소, 산소와 같은 기체들의 혼합물임을 밝히며 원소의 개념을 확립해 나갔지. 또 물질의 연소와 생명체의 호흡이 모두 산소와 결합하는 비슷한 과정이라는 사실도 꿰뚫어 보았어. 화학 반응에서 반응물과 생성물의 질량이 보존된다는 법칙을 발견하기도 했지. 이처럼 뛰어난 업적을 남긴 라부아지에는 '근대 화학의 아버지'로 불리고 있어.

    안타깝게도 라부아지에는 프랑스 혁명의 격랑 속에서 단두대의 이슬로 사라졌어. 그의 직업이 당시 민중들의 미움을 받던 세금 징수원이었기 때문이지. 라부아지에가 프랑스에서 사형 선고를 받자 부유한 영국의 귀족이었던 캐번디시는 많은 돈을 지불하고서라도 그를 영국으로 데려오려고 애를 썼지만 안타깝게도 뜻을 이루지 못했어.

캐번디시는 할아버지와 외할아버지가 공작의 작위를 가진 영국의 최상류층 가문 출신이었어. 하지만 극도로 수줍음을 타는 성격이라 평생 혼자 살면서 사람들과 거의 교류하지 않고 과학 연구에만 몰두했다고 해. 그렇게 열심히 연구한 결과도 발표하지 않고 공책에 적어 두기만 해서, 당시에는 널리 알려지지 못했지.

그런데 20세기 초, 엄청난 과학적 발견들이 폭풍처럼 쏟아져 나오면서 캐번디시라는 이름은 크게 주목받기 시작했어. 영국 케임브리지대학 안에 있는 캐번디시 연구소가 그야말로 맹활약을 했거든. 1874년 제7대 데번셔 공작인 윌리엄 캐번디시가 자신의 가문이 배출한 위대한 과학자 헨리 캐번디시를 기념하기 위해 이 연구소를 설립했어. 연구소의 초대 연구소장이었던 제임스 클러크 맥스웰은 헨리 캐번디시가 남긴 공책을 보고 발표되지 않았던 그의 업적을 세상에 알리는 역할을 했지.

캐번디시 연구소는 지금까지 29명의 노벨상 수상자를 낳은 현대 과학의 요람이야. 전자를 발견한 조지프 존 톰슨, 원자핵과 양성자의 존재를 입증해서 발전된 원자 모델을 제시한 어니스트 러더퍼드, 중성자를 발견한 제임스 채드윅 등 캐번디시 연구소의 많은 과학자들은 원소의 진짜 모습을 계속 파헤쳤어. 가장 기본적인 원소인 수소를 발견한 캐번디시가 심어 계속 놓은 씨앗이 그의 이름을 딴 연구소에서 원자 연구로 활짝 꽃피운 것이지.

2장

수소는 어디에 있을까?

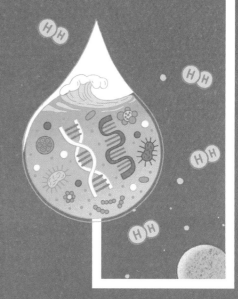

천상의 원소,
수소

수소는 우주에서 가장 풍부한 원소야. 그렇다면 우리 지구에도 수소가 많을까?

우선 우리는 수소를 원자와 분자로 나누어서 생각해 볼 필요가 있어. 수소라고 하면 원자(H)를 가리킬 때도 있고 분자(H_2)를 가리킬 때도 있어. 이렇게 같은 원소로만 이루어진 분자를 '홑원소 분자'라고 해. 홑원소 분자는 공교롭게도 원자와 분자가 같은 이름을 갖고 있어서 우리를 헷갈리게 만들지. 산소(O_2)나 질소(N_2)도 마찬가지야.

1장에서 원소들은 맨 바깥쪽 껍질을 꽉꽉 채우고 싶어 한다고 했지? 수소 원자는 단 하나의 껍질을 가지고 있는데 이 껍질에는 원래 전자 2개가 채워져야 안정적이야. 그런데 수소는 전자가 1개밖에 없거든. 원자핵에 양성자가 하나니까. 그래서 2개의 수소 원자가 손을 맞잡고

한 몸이 되기로 하면서 각자 전자를 하나씩 내놓아 2개를 만드는 거야. 그다음 이 한 쌍의 전자에 대한 소유권을 둘이 공유하는 거지. 이렇게 해서 수소 분자(H_2)가 만들어져. 이때 두 원자의 결합을 '공유 결합'이라고 해.

수소 분자는 보통 온도에서 기체 상태로 존재해. 그렇다면 우리가 숨 쉬는 공기 속에 수소 기체는 얼마나 들어 있을까? 0.00005% 정도야. 거의 찾아보기 힘들 만큼 적은 양이지? 대기에 가장 풍부한 기체는 질소인데 거의 80% 정도를 차지하고 있어. 다음은 산소가 20% 정도고. 세 번째로 많은 기체인 아르곤은 1%도 채 되지 않아. 그 밖에 다른 기체들은 그보다 훨씬 더 적은 양이지. 수소는 그중에서도 매우 적은 편이고.

우주에는 그토록 풍부한 수소가 왜 지구의 대기에는 이렇게 적은 걸까? 이유는 간단해. 수소가 너무 가볍기 때문이지. 지구의 중력이 수소를 붙들어 둘 만큼 충분히 강하지 못해서, 달리 말하면 수소가 지구의 중력을 벗어날 만큼 가벼워서 생성되더라도 곧 대기권 밖으로 빠져나가 버리거든.

옛날 사람들은 이 세상이 물, 불, 흙, 공기라는 네 가지 원소로 이루어져 있다고 생각했잖아. 그런데 한편으로 저 하늘 높은 곳, 신들이 사는 천계에는 지구와 다른 제5의 원소가 존재한다고 믿었고 그것을 '아이테르' 또는 '에테르'*라고 불렀어. 어떻게 보면 수소야말로 고대인이 믿었던 에테르에 해

> * **에테르** 상상 속의 물질이 아닌 화학 물질 중에도 '에테르'라는 물질이 있다. 휘발성이 강하기 때문에, 즉 잘 날아가 버리기 때문에 이런 이름을 얻었다.

당하는 진정한 천상의 원소라고 할 수 있지 않을까? 수소 기체는 우주 공간에 기체 분자(H_2) 형태로 풍부하게 존재해. 태양과 같은 별을 구성하기도 하고. 다만 뜨거운 별의 내부에서는 원자 상태로 존재하지.

별 이야기를 한참 했지만, 지구나 화성, 금성, 목성 등은 별이 아니라 행성이라는 사실은 알고 있지? 우리말에서 '별'은 큰 구분 없이 항성과 행성을 모두 가리키는 단어지만 영어의 star는 스스로 빛을 내는 태양과 같은 '항성'만을 가리키고, 항성 주위를 도는 행성은 planet이라는 단어로 구분해서 사용해. 우리말에서도 별은 점점 행성이 아니라 스스로 빛을 내는 천체, 즉 항성을 가리키는 의미로 쓰이고 있어. 그런 의미에서 수소는 우주와 별을 이루는 재료가 되는 천상의 원소라고 해도 과언이 아닐 거야.

물의 원소,
수소

수소가 대기에 찾아보기도 힘들 만큼 희박하게 존재한다면 대체 어떻게 수소를 에너지원으로 이용해야 하는 걸까? 수소 분자는 자연에서 아주 적은 양이지만, 다행히도 다른 원자들과 결합해 다양한 화합물을 만들고 있어. 그 가운데 가장 대표적인 물질이 '물'이야. 지구 표면의 70% 정도가 물인데, 물을 이루는 원소에 수소가 있지. 물에서 수소를 떼어 낼 수만 있다면, 그리고 그 수소를 에너지원으로 쓸 수만 있다면, 인류는 에너지 걱정에서 완전히 해방될 수 있겠지?

수소의 원소 기호 H는 hydrogen(하이드러전)에서 비롯된 거야. 물을 뜻하는 'hydro-'라는 접두사와 뭔가를 생성한다는 의미의 'gen'이라는 어근이 합쳐진 이름이지. 수소는 한자로도 水素, 즉 '물의 원소'라는 의미를 가지고 있어. 그렇다면 수소가 어떤 식으로 물을 이루고 있

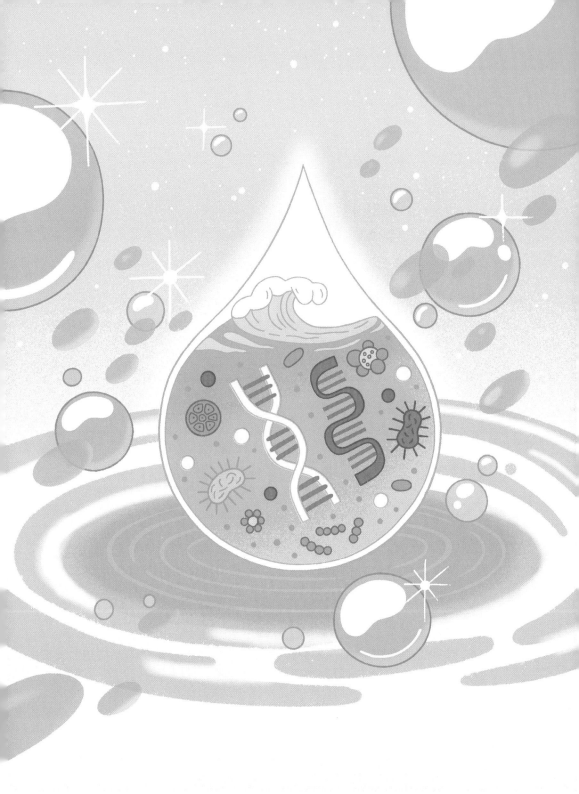

는지 들여다볼까?

팔이 2개인 산소와 팔이 1개인 수소 2개가 손을 잡아 물 분자(H_2O)를 이루지. 이것은 기본적으로 공유 결합이야. 그런데 산소는 아주 사이좋게 전자를 나눠 가지기보다 어떻게 해서든 전자를 자기 쪽으로 뺏어 오고 싶어 하는 전자 욕심이 많은 원소야.

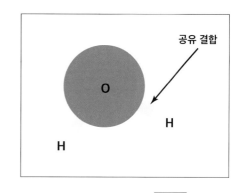

공유 결합

물 분자(H_2O)

그래서 물 분자 안에서 전자들은 주로 산소 원자 쪽에 치우쳐 있지. 그 결과, 물 분자는 산소 쪽은 약간 음전하를 띠고 수소 쪽은 약간 양전하를 띠게 돼. 마치 막대자석과 비슷하게 극성을 띠고 있는 거지. 이게 왜 중요하냐면 물이 극성을 가지고 있어서 극성을 가진 분자, 즉 이온화 경향이 높은 분자들을 잘 녹이거든. 반대로 기름처럼 완전히 중성적인 분자들은 물에 녹지 않아. 물과 기름을 섞으면 명확하게 층을 이루면서 나누어지는 걸 본 적 있을 거야.

지구의 생명체는 맨 처음에 바다, 즉 물속에서 생겨났다고 해. 초기 생명체의 핵심적 구성 요소인 핵산(RNA와 DNA), 단백질, 세포막을 이루는 인지질, 단백질의 기능을 도와 생명 현상을 수행하는 무기 전해질 등이 모두 극성을 가지고 있는 분자나 원자들이야. 물이 극성을 띠고 있는 덕분에 지구상에 생명이 태어났고, 길고 긴 세월 동안 진화를 거듭해 지금 이렇게 책을 통해 소통하는 너와 내가 만들어졌다고 해

45

도 과언이 아니지.

그뿐만 아니라 물 분자가 극성을 띠고 있기 때문에 지금 우리가 알고 있는 형태의 물로 존재할 수 있어. 물 분자가 자석처럼 한쪽은 양전하(+), 다른 쪽은 음전하(-)를 띠고 있으니까 물 분자들 사이에도 양전하(+)와 음전하(-) 사이에 끌어당기는 힘이 작용해서 서로 밀착하게 되거든. 이것을 '수소 결합'이라고 해. 이건 분자를 만드는 공유 결합, 이온 결합, 금속 결합과는 다르고, 이미 만들어진 분자와 분자들이 서로 사이좋게 밀착하도록 해 주는 결합이야.

아무튼 이렇게 물 분자들이 서로 끌어당겨 뭉쳐서 한 덩어리로 다니기 때문에 물이 상온에서, 정확히 말하자면 0~100℃ 사이에서 액

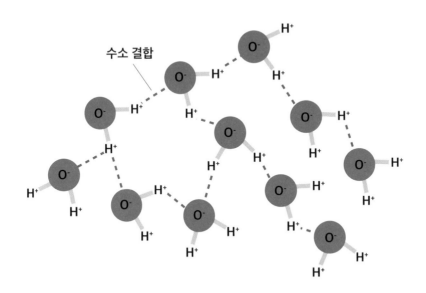

체 상태로 존재하는 거야. 그렇지 않았다면 아마도 물은 대부분 수증기, 즉 기체 상태로 대기 중에 존재했을 거야. 지구 위의 물이 적당한 온도에서 액체가 되어 지표면을 덮고 있어서 그 안에서 극성을 띤 생명의 분자들이 서로 섞이고 반응하면서 길고 긴 생명의 역사가 시작되었다고 할 수 있지.

과학자들이 우주에서 생명이 살 만한 행성을 찾을 때 참고하는 조건 중 하나가 그 행성에 물이 있느냐 하는 거야. 그만큼 물이라는 분자는 생명을 낳은 어머니와 같아. 2,500년 전 그리스의 철학자 탈레스가 "만물의 근원은 물"이라고 했어. 다른 것은 몰라도 생명의 근원이 물인 것은 확실하지. 우주 만물(모든 원소)의 근원인 수소가 산소와 만나서 생명의 근원인 물을 만든 셈이야. 수소가 얼마나 중요한 원소인지 실감 나지?

생명의 원소,
수소

수소가 산소와 손을 잡고 물을 만들었다면, 수소와 탄소가 손을 잡고 생물을 만들었어. '유기물'이라는 말을 들어 봤지? 유기물이란 '생명에 의해 만들어지고 생명체를 이루는 물질'이라는 뜻과 '탄소 화합물'이라는 의미를 동시에 가지고 있어. 이 두 가지 의미는 서로 연결되어 있어. 생명체에서만 찾아볼 수 있는 독특한 분자들 대부분이 탄소 화합물이거든.

　탄소 화합물이란 탄소를 포함한 화합물, 즉 탄소와 다른 원소가 결합된 분자를 말해. 유기물에 대해 말할 때 흔히 탄소에 중점을 두어 이야기하지만, 유기물을 이루는 탄소마다 그보다 훨씬 많은 수로 붙어 있는 것이 수소야. 대부분의 유기물 분자를 보면, 줄줄이 연결된 탄소에 수소가 마치 나뭇가지에 붙은 이파리처럼 달려 있어. 분자에 따라

서 산소나 질소와 같은 원소를 포함하고 있기도 하지만 원자 개수 기준으로 원소의 비율을 따져 본다면 압도적으로 탄소와 수소가 높은 비율을 차지하고 있지(수소가 가벼워서 질량 기준으로 보면 달라질 수 있어.).

　이렇게 탄소와 수소로만 이루어진 분자를 '탄화수소'라고 해. 여기에 산소와 질소 같은 원소들이 군데군데 추가되어 생명의 분자를 이룬다고 생각하면 될 거야. 대표적인 생명의 분자에는 뭐가 있을까? 일단 우리 인간과 같은 동물의 살(근육)을 구성하고, 모든 생명체의 몸속에서 생명 현상을 직접 수행하는 단백질이 있어. 그리고 단백질을 만드는 정보를 담은 DNA, 설계도 역할을 하는 DNA의 일부를 복사해서 직접 단백질을 만드는 틀 역할을 하는 RNA, 이들을 '핵산'이라고 하는데 역시 핵심적인 생명의 분자란다.

　그다음 세포막을 형성하고 동물의 몸속에서 남은 에너지를 저장하는 역할을 하는 지방이 있어. 그리고 식물이 태양 에너지를 가지고 공기 중의 탄소(CO_2)를 흡수한 뒤 수소를 붙여서 만든 포도당과 포도당을 줄줄이 연결한 녹말과 셀룰로스가 있지. 녹말은 에너지를 저장하는 역할을 하고, 셀룰로스는 식물의 세포벽을 구성하면서 식물이 단단하게 형체를 유지할 수 있게 해 주는 역할을 해. 식물에만 있는 '리그닌'이라는 분자도 셀룰로스와 비슷한 일을 하는데 나무줄기의 단단한 목질을 구성하는 물질이야.

화석 연료와
수소

화석 연료란 아주 오래전 식물과 동물들이 땅속에 묻혀 고온·고압의 환경에서 화석화되어 만들어진 천연 자원이야. 석탄, 석유, 천연가스 등이 있지. 이 연료들은 오직 탄소와 수소로만 이루어진 순수한 탄화수소 물질이야. 탄화수소는 탄소의 수에 따라 뒤쪽의 그림처럼 이름이 붙여져.

탄소 1개에 수소 4개가 붙은 가장 단순한 탄화수소는 바로 메테인(메탄, CH_4)이야. 보통 천연가스라고 하면 거의 메테인을 말해. 하지만 에테인, 프로페인, 뷰테인 같은 다른 기체들도 조금씩 천연가스에 포함되어 있지.

헥세인부터는 액체 상태로 존재해. 우리가 석유 또는 원유라고 부르는 액체 상태의 탄화수소에는 탄소의 수가 5개부터 수십 개에 이

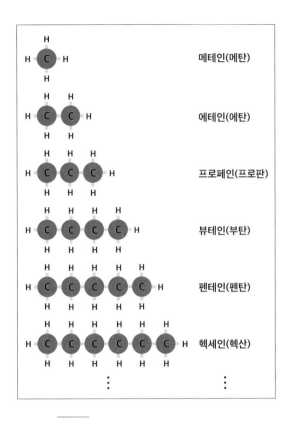

화석 연료인 탄화수소들

르는 다양한 크기의 분자들이 뒤섞여 있어. 원유의 생산지에 따라서 그 비율은 달라지지. 원유를 채굴할 때 가스 상태의 탄화수소들이 같이 나오기도 해. 그러니까 사실 천연가스와 석유는 기체냐 액체냐의 구분일 뿐 근본적으로는 같은 종류의 분자야.

석유와 천연가스는 어떻게 만들어졌을까? 가장 유력한 가설은 고생대와 중생대에 얕은 바다에 살았던 조류와 플랑크톤 같은 작은 생물들의 사체가 바다 밑바닥에 쌓이고 쌓여서 퇴적물 층을 형성하고, 계속되는 퇴적과 지각 운동으로 더 깊은 땅속으로 묻히게 되었다는 거야.

생명의 분자들은 주로 탄소와 수소로 이루어졌고 여기에 산소와 질소, 인 같은 원소들이 적절히 섞인 것이라고 했지? 지층 깊은 곳, 온도와 압력이 높은 환경에서 이 분자들이 변형되어 순수한 탄화수소 분자로 변한 거지.

석탄도 비슷해. 3억 4천만 년 전 석탄기 시대에 나무들이 리그닌이라고 하는 물질을 만들기 시작했어. 리그닌이 새롭게 만들어진 분자인 만큼, 이것을 분해하는 벌레나 미생물이 한동안 존재하지 않았어. 그래서 리그닌이 썩지 않고 땅속에 묻히게 되었지. 그런 다음 석유와 마찬가지로 높은 압력과 온도가 작용해 점차 석탄으로 변한 거야.

화석 연료인 석유를 이용해 만든 플라스틱 역시 탄화수소 화합물이야. 비닐봉지를 만드는 폴리에틸렌(C_2H_4), 얇은 일회용 용기에 많이 쓰이는 폴리프로필렌(C_3H_6)과 같은 물질은 순수한 탄소와 수소 사슬로 이루어진 플라스틱이야. 이른바 스티로폼이라고 부르는 폴리스타이렌(폴리스티렌, C_8H_8)도 탄소와 수소로만 이루어졌지.

분자의 세계는 사실 따지고 보면 그리 어렵지 않은, 마치 레고 블록처럼 단순하고 질서 정연한 세계거든. 우리 주위의 물질에 관심을 가지고 분자 구조가 어떻게 생겼는지 찾아보는 습관을 가져 보는 것도 좋아. 그러면 남들이 보지 못하는 것을 보는 지식의 슈퍼히어로가 될 수 있을 거야.

수소를 타고 하늘로 둥둥

지금 우리는 비행기를 타고 세계 어디든 날아갈 수 있는 세상에 살고 있어. 하지만 새처럼 하늘을 나는 것은 오랫동안 이룰 수 없는 간절한 꿈이었지. 이런 인류의 꿈을 처음 이루어 준 것이 바로 열기구야.

1783년 6월 4일 프랑스의 조제프 몽골피에, 자크 몽골피에 형제는 열기구를 만들어서 하늘을 나는 꿈을 처음으로 실현했어. 그들은 장작불 위에 말리려고 걸어 둔 빨래들이 세차게 공중으로 올라가는 것을 보고 열기구 아이디어를 떠올렸다고 해. 따뜻한 공기가 위로 올라가는 힘을 이용해서 풍선을 하늘로 올려보낸 거지.

몽골피에 형제의 열기구 발명과 거의 비슷한 시기에 수소를 이용한 가스 기구도 발명되었어. 프랑스의 과학자 자크 샤를은 수소 가스 기구를 설계하고, 엔지니어인 안장 로베르, 니콜라 루이 로베르 형제에게 기구를 제작하도록 의뢰했어. 로베르 형제는 수소를 채우기에 알맞고 가볍고 질긴 기구를 만들었고, 1783년 12월 1일 사람을 태운 시험 비행에 성공했지. 자크 샤를은 '압력이 일정할 때 기체의 부피와 온도는 비례한다'라는 '샤를의 법칙'을 남긴 유명한 과학자야.

열기구도, 가스 기구도, 나중에 비행기도 형제들이 힘을 합쳐 만들어 냈다는 사실이 흥미롭지? 모험심과 발명 재능 가득한 개구쟁이 소년들이 하늘을 날고 싶은 어린 시절의 꿈을 자라면서 잊어버리지 않고 서로 용기를 불어넣으며 끈질기게 시도해서 이뤄

낸 거야.

열기구와 수소 가스 기구는 각각 장단점이 있어서 한동안 같이 사용되었어. 열기구는 만들기 쉽고 불만 피우면 되니까 연료를 얻기도 쉽고 수소 가스 기구에 비해 안전했어. 수소 가스 기구는 불이 붙거나 폭발할 위험이 컸지만 더 높은 고도로 올라가서 더 오래 비행할 수 있었고 더 많은 무게를 실을 수 있어서 군사 정찰용 등 전문적인 목적으로 많이 사용되었지.

하지만 열기구나 가스 기구는 바람의 방향에 움직임을 맡겨야 한다는 한계가 있었어. 이런 단점을 극복하기 위해 1852년 프랑스의 앙리 지파르는 유선형 가스 기구에 증기 엔진을 설치해 어느 정도 비행 방향과 속도를 조절할 수 있는 비행선을 만들었어.

그 이후 계속해서 성능이 개선된 비행선이 나타났지. 특히 독일의 군인이자 공학자인 페르디난트 체펠린이 개발한 비행선이 인기

수소 비행선 힌덴부르크호

를 끌었는데, 체펠린은 1900년 알루미늄 골격으로 풍선을 감싸서
용량을 크게 늘린 비행선을 선보였어. 거대한 유선형의 비행선이
하늘에 떠올라 비행하는 모습은 그 당시 사람들에게 엄청난 동경
을 불러일으키고 상상력을 자극했다고 해. 체펠린이 만든 비행선
은 도시와 도시 사이에 여객과 화물을 수송했고 제1차 세계 대전
에서는 폭탄을 투하하는 무기로 활용되었지.

　1937년 5월 6일, 체펠린사의 호화로운 여객선 힌덴부르크호
가 97명의 승객을 싣고 유럽에서 대서양을 건너 미국으로 날아갔
어. 그런데 뉴저지주 레이크허스트 공항에 도착해 착륙 직전에 갑
자기 불길에 휩싸였지. 이 끔찍한 사고로 97명의 승객 중 36명이
사망했어. 수소를 담은 풍선이 찢어져 수소가 누출되고, 정전기로
불이 붙어 폭발한 것으로 추측하고 있어.

　화염에 휩싸인 비행선의 사진을 보고 사람들은 큰 충격을 받았
지. 힌덴부르크호는 1936년에만 대서양을 17회 왕복 운항했거

든. 타이타닉호 침몰 사고처럼 사람들의 뇌리에 공포와 슬픔으로 각인된 이 사건으로 비행선 여행은 막을 내리게 되었어. 결국 비행선은 때마침 강력한 경쟁자로 떠오르던 비행기에게 완전히 자리를 내주게 되었지.

　힌덴부르크호 화재 사건으로 사람들은 수소에 대한 공포감이 커졌고 아직까지도 수소를 반대하는 사람들이 내세우는 이유가 되고 있어. 수소가 인화성 높은 기체인 것은 맞지만 그 이후 수소를 다루는 기술의 발전으로 100년 이상 안전하게 사용되고 있다는 점을 기억해야 해.

신재생 에너지와 수소

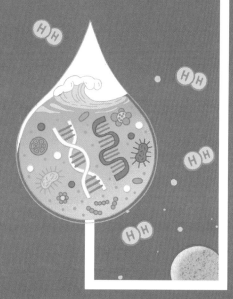

에너지와
인류 역사

최근 수소에 관심이 몰리는 이유는 지구 온난화를 일으키는 화석 연료를 대신해 새로운 에너지원이 될 수 있다는 가능성 때문이야. 그렇다면 일단 에너지가 무엇인지 생각해 볼까?

에너지(energy)는 그리스어로 '안'을 뜻하는 'en'과 '일'을 뜻하는 'ergon'의 합성어야. 그러니까 일 안에 들어 있는 어떤 것, 일을 할 수 있는 잠재력을 말하는 거지.

인류의 역사는 에너지를 얻고 길들이는 방식을 발전시켜 온 역사라고 해도 과언이 아닐 거야. 사냥을 하거나 식물의 열매를 따 먹던 시절부터 지금까지도 인류는 다른 모든 생명체와 마찬가지로 유기물, 즉 주변의 다른 생명체를 먹어서 살아갈 에너지를 얻어. 이 에너지는 어디에서 온 것일까?

생물의 먹이사슬에서 식물은 생산자야. 식물은 광합성을 통해 태양이 보내 주는 빛 에너지로 포도당을 만들어. 빛 에너지가 화학 에너지로 저장되는 셈이지. 약 30억 년 전에 '시아노박테리아'라고 하는 단세포 생물이 광합성을 시작한 이래로 지구는 초록색 풀과 나무가 우거지고 다양한 동물로 가득한 울창한 생명의 행성이 되었어. 점점 더 번성하고 다양한 모습으로 뻗어 나가는 생명력 속에서 진화가 거듭되어 우리 인류가 나타났지. 이 모든 변화를 가져온 에너지는 대부분 태양에서 왔어.

원시 부족들이 태양신을 숭배한 것도 모든 생명력의 에너지가 태양으로부터 나온다는 것을 알았던 게 아닐까?

문명의 발전과 에너지

인간의 진화에 큰 영향을 준 사건 중 하나는 불의 발견이야. 처음에는 자연적으로 일어난 산불이나 번개를 이용했고 나중에는 스스로 불을 피우는 방법을 발견했어. 주로 나무를 태워서 불을 피웠는데, 이것은 나무줄기 속의 셀룰로스나 리그닌과 같은 유기 물질에 들어 있는 화학 에너지가 열에너지와 빛 에너지로 바뀌는 과정이야. 우리 조상들은 화톳불의 열에너지로 체온을 유지하고, 음식을 익히고, 빛 에너지로 어둠을 몰아낼 수 있었지.

사람들은 농사짓는 법을 발견하면서 한곳에 정착해서 살았고, 당장 필요한 양보다 많은 농작물을 생산해 내면서 점점 복잡한 사회가 되었

3장 신재생 에너지와 수소

어. 먹고 남은 농작물이 있다는 건 누군가에게 재산이라는 힘이 생겼다는 뜻이야. 작은 부족들이 모여서 더 큰 단위를 이루고 왕이 다스리는 국가가 생겼지. 대규모의 인력을 동원할 수 있는 사회가 된 거야. 이집트의 피라미드나 중국의 만리장성과 같은 거대한 건축물이 모두 사람들의 노동력으로 만들어졌어. 성과 건물을 짓고 도로를 만들고 물자를 수송하며 문명을 건설한 에너지는 결국 사람들이 먹고 마신 음식 속의 영양소를 대사해서 만들어진 화학 에너지였던 거지.

증기 기관이 가져온 에너지 혁명

인간의 노동력에 기댄 사회에서 한 단계 도약하는 큰 변화가 일어난 것이 바로 산업 혁명이야. 우리는 제임스 와트의 증기 기관 발명을 산업 혁명의 출발점으로 보고 있어. 와트 이전에도 증기 기관은 있었지만, 석탄 광산의 물을 퍼 올리는 정도의 성능이었지. 와트는 증기 기관의 효율을 대폭 개선해서 다양한 기계를 돌릴 수 있었어.

그 결과 손으로 하나하나 만들던 물건을 공장에서 대량으로 만들어 낼 수 있게 되었고, 엔진(기관)으로 추진되는 기차와 선박이 멀리 떨어진 세계를 연결했지.

증기 기관에서 에너지 변환이 어떻게 일어나는지 살펴볼까? 연료(화학 에너지)를 태워서 물을 데워(열에너지) 증기를 만들면, 증기의 압력이 피스톤을 밀어 올려(운동 에너지). 그다음 크랭크축을 이용해서 직선 운동을 회전 운동으로 변환시키거나 반대로 기계의 다른 부분에서 회전

64

운동을 직선 운동으로 변환시키면서 기계를 작동할 수 있었어. 이렇게 증기 기관의 발명은 기계의 시대, 산업 혁명으로 이어졌지.

현대 세계를 만든 전기 에너지

　　　불과 증기 기관 다음으로 에너지의 이용 방식과 우리의 삶을 획기적으로 바꾸어 놓은 발명은 무엇일까? 바로 전기의 발견이야. 마이클 패러데이가 전자기 유도 현상을 발견해 현대적인 발전기와 전동기가 만들어지면서 전기의 시대를 열었지. 패러데이는 전선을 빙빙 돌려 감은 코일에 막대자석을 넣었다 뺐다 하면서 전선에 전기가 흐르는 것을 보여 주었어. 자석의 힘이 미치는 영역이 변하면 전기가 발생하는데 이것을 '전자기 유도 현상'이라고 해. 발전소의 발전기는 반대로 자석이 고정되어 있고 코일을 회전시켜. 하지만 자기장의 변화에 의해 전기가 만들어지는 것은 같은 원리지.

　전기는 진정한 현대 사회의 모습을 만들어 냈어. 다양한 전기 제품은 전기를 운동 에너지나 열에너지, 빛 에너지 등으로 바꾸어 작동해. 산업 혁명 이후 사람들의 노동은 기계가 대신하게 되었어. 처음에는 기계를 움직이는 데 증기 기관을 사용했지만 전기의 발견 이후에는 전기

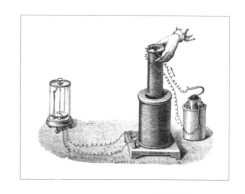

패러데이의 전자기 유도 실험

3장 신재생 에너지와 수소

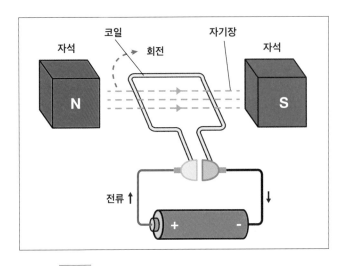

자석　코일　회전　자기장　자석

N　S

전류 ↑　↓

+　-

전동기의 원리

에너지를 운동 에너지로 바꿔 주는 전동기, 즉 전기 모터가 점점 그 자리를 대신하게 되었지.

전동기의 원리는 전기를 만드는 과정을 거꾸로 한다고 생각하면 돼. 자석 사이에 코일을 놓고 전류를 흘려 주면 코일에 자기장이 생겨 외부 자석과 자기력을 주고받으면서 회전하게 되는 거야.

이처럼 오늘날 우리는 열에너지나 운동 에너지를 전기 에너지로 변환시키는 발전 과정을 통해 전기를 만들어 멀리 보내고, 공장이나 집에서는 전기 에너지를 다른 에너지로 바꾸는 장치를 사용해서 편리한 삶을 살고 있어. 그뿐만 아니라 전기는 전신, 전화, 인터넷, 스마트폰으로 이어지는 통신 혁명을 일으켜 세계를 하나의 마을처럼 만들었지.

에너지 발전의 그림자

오늘날에는 아무리 평범한 사람이라도 몇백 년 전의 왕이나 귀족들보다 더 편하게 많은 것을 누리며 살고 있어. 이렇게 우리 생활을 개선할 수 있었던 것은 근본적으로 자연의 에너지를 효율적으로 길들여 온 덕분이었지. 제1차 산업 혁명이라고 불리는 증기 기관의 시대 이래로, 사람들은 얻기 쉬운 석탄을 엄청나게 활용했어. 물을 데워 증기를 만들려면 연료가 필요했으니까. 땅 밑에서 석유를 퍼 올리는 기술을 발견한 후로는 자동차와 플라스틱의 시대가 열렸지.

석탄, 석유, 천연가스와 같은 화석 연료는 산업 혁명 이후 사회 발전의 연료였어. 그런데 자원은 무한한 것이 아니야. 계속 쓰다 보면 언젠가 바닥이 드러나고 말지. 그 시기가 멀지 않았다고 경고하는 과학자들이 많아. 게다가 화석 연료 중에 가장 비싸고 쓸모가 많은 석유 자원은 안타깝게도 전 세계에 골고루 있지 않지. 석유를 안정적으로 공급받고 싶었던 유럽 강대국들은 제1차 세계 대전이 끝나고 오스만 제국이 무너지자 석유가 많이 나는 이곳에 억지스러운 국경을 만들었어. 그 탓에 중동 지역은 지금도 끊임없이 전쟁의 불안에 시달리고 있어.

신재생 에너지와 수소 시대를 부르짖었던 과학자와 선구자들은 화석 연료 고갈 가능성과 이로 인한 국제 정세 불안 때문에 새로운 에너지를 개발해야 한다고 주장했어. 특히 1970년대 중동 전쟁 때는 석유 가격이 엄청나게 올랐는데 이것을 화석 연료가 고갈되는 미래에 대한 예고편으로 보았던 거지.

2000년대 이후, 미국과 캐나다에서 새로운 기술로 석유와 가스 자

원을 더 많이 채굴하게 되면서 화석 연료 고갈에 대한 우려는 잠시 사그라들었어. 그러나 새로운 그림자가 드리워졌지. 바로 지구 온난화야. 이산화탄소는 그 자체로는 사람의 건강에 해를 주는 유해 가스도 아니고, 날숨을 통해 우리의 폐와 기관지와 코점막을 매 순간 스쳐 지나가는 친근한 기체야. 그런데 이산화탄소가 지구 대기에 너무 많아지면서 문제가 발생했어.

"모든 물질은 독이다. 독성을 결정하는 것은 용량이다."라는 독일 화학자 파라켈수스의 말처럼, 지구 대기에서 이산화탄소의 용량이 정상 범위를 넘어가면서 독으로 작용하기 시작한 거야.

우리가 누리는 편리함을 포기하지 않으면서, 지구가 너무 더워져 사람들이 살 수 없는 곳으로 변하는 것을 막으려면 어떻게 해야 할까? 에너지를 포기할 수는 없지만 화석 연료는 서서히 포기해야 하지 않을까? 그렇다면 그 대책은 무엇일까?

신재생 에너지로의
전환

'지속 가능성(sustainability)'이라는 말을 많이 들어 봤지? 지속 가능성이란 우리가 현재 누리는 것을 내일도, 먼 훗날에도, 나뿐만 아니라 후손들도 계속해서 누릴 수 있는지를 의미하는 말이야. 그런 의미에서 화석 연료는 본질적으로 지속할 수 없는 연료지. 땅속에 묻혀 있는 매장량에 한계가 있고, 화석 연료를 다 캐내서 쓰기도 전에 화석 연료에서 배출된 이산화탄소가 지구의 숨통을 막을 지경이니까.

그렇다면 화석 연료 대신 사용할 지속 가능한 에너지는 무엇일까? 지속 가능한 에너지를 다른 말로 '신재생 에너지(renewable energy)'라고 해. 다시 새롭게 할 수 있는 에너지라는 의미지. 신재생 에너지에는 어떤 것이 있을까? 바이오매스, 조류, 지열 등 다양한 에너지원이 있지만 현재 가장 관심을 모으고 있는 것은 태양광과 풍력이야.

산꼭대기와 바다의 거센 바람을 전기로

사람들이 바람의 힘을 길들여 에너지를 얻은 지는 꽤 오래 되었어. 수천 년 전 이집트와 페르시아에서는 풍차를 사용했어. 아래로 떨어지는 물의 힘으로 물레방아를 돌리듯, 바람으로 풍차를 돌리고 회전 운동을 직선 운동으로 바꾸어서 곡식을 빻았지.

'풍차' 하면 떠오르는 나라가 있지? 바로 네덜란드야. 네덜란드는 국토의 25%가 해수면보다 낮은, 간척된 땅으로 이루어져 있어. 간척이란 댐을 쌓고 해안가의 얕은 바다를 흙으로 메꿔 육지로 만드는 것을 말해. 간척한 땅에 고여 있는 물을 퍼내야 하는데 이때 풍차를 이용했어.

풍차를 가지고 처음 전기를 생산한 사람은 1887년 스코틀랜드의 전기 공학자 제임스 블라이스로 기록되어 있어. 그 이후 유럽과 미국의 발명가들도 풍력 발전을 시도했지만 풍력 발전기의 효율이 낮았기 때문에 외딴 지역에 전기를 공급하는 정도에 그치고 산업으로 발달하지는 못했지.

그러다 1970년대의 석유 파동과 대기 오염, 지구 온난화 등의 문제가 불거지면서 풍력은 청정하고 지속 가능한 에너지로 다시 관심을 받게 되었어. 1970년대 말과 1980년대 초에 미국 캘리포니아주에 최초로 대규모 풍력 발전 단지가 건설되었어. 더욱 크고 효율적인 풍력 터빈을 사용해서 상당한 양의 전기를 생산할 수 있었지. 발전 용량을 늘리기 위해서 풍력 발전기는 점점 더 커지는 쪽으로 발전했어. 오늘날 터빈은 30층 건물 높이와 맞먹고 발전기의 날개 길이는 100m가 넘을 정도야. 최근에는 바람이 더 많이, 더 세게 부는 바다에 설치하는 해상 풍력 단지가 많이 건설되고 있어. 2023년 현재 풍력 에너지는 세계 전력 생산의 6~7% 정도를 담당하고 있지.

태양 에너지를 그대로 쓴다면?

우리가 사용하는 에너지는 대부분 태양에서 왔어. 우리가 먹는 음식도, 화석 연료도 거슬러 올라가면 식물의 광합성이 있지. 바람을 이용하는 풍력 발전도 태양열이 지구의 공기를 대류시켜서 바람을 일으키니까 태양의 힘을 이용하는 셈이고. 수력 발전의 경우 물의 위치 에너지를 이용하지만, 물이 높은 곳에 있도록 비를 내려 준 것도 태양의 힘이지. 태양과 직접 관련이 없는 에너지원은 원자력 발전 정도가 아닐까 싶어.

그렇다면 '태양이 주는 에너지를 여러 단계를 거치지 않고 직접 이용할 수는 없을까?' 하는 생각이 들 거야. 그 꿈에 가장 가깝게 다가간 기술이 바로 태양광 발전 기술이야.

1839년 프랑스의 물리학자 에드몽 베크렐이 몇몇 물질이 햇빛을 받으면 전류를 생성한다는 사실을 발견했어. 햇빛이 분자 속의 전자를 들뜨게 해서 결합을 깨고 튀어나오기 때문이지. 이것을 '광전 효과'라고 해. 광전 효과의 결과로 전자들을 일정한 방향으로 흐르게 해 전류를 만들 수 있었어. 마치 동화에 나오는 요정이 요술봉을 갖다 대고 "아브라카다브라!" 하고 주문을 외치면 생쥐가 말이 되고 호박이 마차가 되듯 햇빛은 어떤 물질을 에너지를 내는 물질로 바꾸는 힘이 있어.

태양 전지가 처음 사용된 것은 우주 분야야. 1958년 미국이 발사한 뱅가드 1호는 처음으로 태양 전지를 탑재한 인공위성이었어. 이때만 해도 태양 전지 가격이 너무나 비싸서 다른 용도로는 쓸 엄두를 내지 못했지. 그 후 수십 년에 걸쳐서 과학자와 공학자들이 더 싸고 효율적인 소재와 공정을 개발하고 대량 생산을 하면서 지금은 화석 연료 발전이나 원자력 발전과 비교해도 가격 경쟁력이 있을 만큼 저렴해졌지. 태양광 발전은 현재 세계 에너지 생산의 4~5%를 담당하고 있어.

신재생 에너지의 문제와
수소

이산화탄소를 배출하지도 않고, 써도 써도 없어지지 않는 바람과 햇빛을 이용하는 신재생 에너지가 가격까지 싸졌다면 이제 에너지 걱정은 그만해도 된다고 생각할 수 있어. 하지만 신재생 에너지에는 치명적인 단점이 있어. 바람도 햇빛도 항상 일정하게 주어지지 않는다는 거야. 바람은 시시각각 세기가 달라지지. 태양은 낮에 떴다가 밤이면 지고, 낮이라고 하더라도 계절과 날씨에 따라 햇빛의 양이 달라져. 이것을 조금 어려운 말로 '간헐성'이라고 해.

지금 우리가 전기를 사용하는 방식을 보면 발전소에서 만든 전기를 그물같이 뻗어 있는 전선을 통해 소비자에게 공급해. 이 전력망에서는 전기가 끊어지지 않고 일정하게 공급되는 것이 매우 중요해. 그런데 풍력이나 태양광 발전은 바람이나 햇빛이 없는 동안에는 전기를 만

3장 신재생 에너지와 수소

들 수가 없어. 반대로 바람이나 햇빛이 너무 강해서 전력망에서 소화할 수 있는 양 이상으로 만들어지고 전기를 저장해 둘 장치가 없으면 남는 전기를 그냥 버릴 수밖에 없지.

그래서 사람들은 바람과 햇빛이 강할 때 전기를 많이 생산하고 남는 전기를 어떤 식으로든 저장해 두었다가 사용하려는 방법을 연구해 왔어.

2차 전지 배터리를 이용해서 전기를 저장하는 방법도 시도되고 있어. 이것을 '에너지 저장 시스템(ESS, Energy Storage System)'이라고 해. 가정에서 태양광 패널을 설치해 전기를 만들어 쓰면 좋은 해법이 될 수 있지. 그러나 거대한 전력망에 전기를 공급해야 하는 발전소 수준에서는 ESS는 용량도 작고 값이 비싸서 대안이 되기 어려워. 2021년 전 세계의 ESS 용량을 합친 것이 약 56기가와트시*(GWh)였는데 세계의 에너지 저장 수요는 수천 테라와트시(TWh) 규모야.

간헐성뿐만 아니라 신재생 발전의 기회가 지구상의 모든 나라와 지역들에 공평하게 주어지지 않았다는 사실도 큰 문제야. 석유 한 방울 나지 않는 우리나라는 신재생 에너지에서도 비슷하게 불리한 상황이지. 위도가 높고 인구 대비 땅도 좁고 지형도 적합하지 않은 우리나라는 태양광이나 풍력 발전의 효율이 매우 낮은 편이야.

현재 우리나라는 중동이나 동남아시아 국가들로부터 많은 양의 석유와 천연가스를 수입해서 쓰고 있어. 우리나라는 상품을 만들고 수출해서 경제가 유지되는 수출 주도 경제 국가라 에너지 사용량도 매우 많은 편에 속

* 메가=킬로의 1,000배
기가=메가의 1,000배
테라=기가의 1,000배

해. 지구 온난화 문제를 해결하기 위해 세계적으로 화석 연료의 사용을 줄여야 한다면, 신재생 에너지 효율도 낮은 우리나라는 어디에서 에너지를 구해야 할까?

화석 연료는 바로 연료로 쓰거나 전기를 만들 수 있는 에너지원이면서 어디로든 실어 나를 수 있는 에너지의 매개체 역할을 해. 그런데 신재생 에너지로 만든 전기를 먼 지역으로 보내기 위해서는 별도의 매개체가 필요해. 여기에서 바로 이 책의 주인공 수소가 등장하지! 적도와 가까워서 태양이 많이 내리쬐고, 무엇보다 사막과 같이 사람들이 이용하지 못하는 땅이 많은 나라들은 그곳에 태양광 패널을 설치하면 최대 효율로 전기를 생산할 수 있어. 그렇게 만든 전기로 물을 분해해서 수소를 생산한 다음, 수소를 수출하는 것이 가장 좋은 대안이라는 것이 현재의 결론이야.

시대를 앞서간 덴마크의 발명가 폴 라쿠르

《해저 2만리》, 《80일간의 세계 일주》로 유명한 프랑스의 작가 쥘 베른은 1874년 《신비의 섬》이라는 소설에서 수소를 에너지로 쓰는 미래를 예언했어. 소설 속의 인물인 사이러스는 이렇게 말하지.

"이보게, 나는 언젠가 물이 연료로 이용될 거라 믿네. 물을 이루는 수소와 산소를 따로 사용하든 함께 사용하든 마르지 않는, 석탄과 비교도 안 될 정도로 강력한 열과 빛의 원천이 될 거야."

쥘 베른이 공상 과학 소설 속에서 이야기한 미래 기술을 같은 시대를 살았던 폴 라쿠르가 현실 속에서 만들어 냈어.

덴마크에서 농부의 아들로 태어난 라쿠르는 형의 권유로 수도인 코펜하겐에서 당시 떠오르던 학문 분야인 기상학을 공부했어. 그는 기상학과 관련된 전신 기술을 연구하다가 전신과 관련된 여러 장치들을 발명했지. 그는 전신 기술뿐만 아니라 풍차 기술, 인공 비료, 수소 연료 전등 등 수많은 분야에서 발명을 계속해 '덴마크의 에디슨'이라고 불렸어.

하지만 그 이후에는 에디슨과 다른 길을 걸었어. 기업을 설립해 발명품으로 큰돈을 벌었던 에디슨과 달리 농촌으로 돌아가서 그곳 사람들, 특히 젊은이들의 삶을 개선하기 위해 노력했지. 폴 라쿠르는 아스코프라는 지역의 고등학교 교사로 일하면서 농촌 젊은이들의 교육에 힘을 쏟았어. 그는 농촌에서도 도시와 마찬가지로 풍부한 에너지의 혜택을 누릴 수 있기를 바랐어.

덴마크는 바람이 많이 부는 나라였기 때문에 라쿠르는 전기를 생산하기 위해 바람을 활용해야 한다고 생각했어. 덴마크 바로 옆에는 풍차의 나라로 유명한 네덜란드가 있었지. 그런데 네덜란드도 이미 풍차를 이용해 전기를 생산하는 방안을 검토했지만 효율이 낮고 에너지 저장에 문제가 있다는 이유로 포기한 상태였어.

폴 라쿠르는 풍차의 설계를 개선해서 효율을 높였고, 여기서 나온 전기로 물을 분해해서 수소를 생산한 다음 탱크에 저장했다가 연료로 사용했어. 바람으로 전기를 만들고, 전기로 수소를 만들고, 수소를 태워서 빛과 열을 얻은 거지. 1895년부터 라쿠르가 재직했던 고등학교와 아스코프 마을은 그가 만든 수소 전등으로 환하게 불을 밝혔다고 해.

1903년 라쿠르는 '덴마크 풍력 발전 협회'를 설립하고 제자들을 길러 냈어. 풍력 발전소를 건설하고 관리할 수 있는 전기 기술자들도 교육시켰지. 그 결과 덴마크는 시골 곳곳에 자급자족할 수 있는 작은 발전 시설들이 생겨났고 농촌 사람들의 삶은 크게 개선되었어. 오늘날 많은 국가들이 시도하는 '분산형 전력망'의 시대를 앞서간 사례라고 할 수 있지.

그 후 100여 년이 지난 지금, 그의 선견지명이 온난화라는 질병에 걸린 지구를 구할 귀중한 아이디어로 되살아나고 있어.

풍력 발전기에서 가장 중요한 부품인 터빈을 만드는 세계 1등 기업이 '베스타스'라는 회사인데 바로 폴 라쿠르의 나라, 덴마크 기업이지. 오늘날 덴마크는 신재생 에너지, 특히 풍력 발전 분야를 선도하는 대표적인 국가야. 전기의 67%를 풍력 발전에서 얻고 있고(2023년 기준) 1인당 풍력 발전량은 스웨덴에 이어 세계에서 두 번째거든.

수소는 어디에 쓰일까?

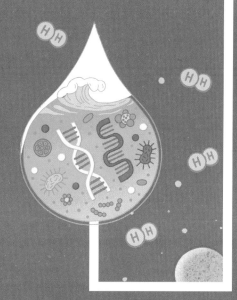

오늘날의
수소 산업

오늘날 세계는 해마다 1.2억 톤 정도의 수소를 생산하고 있어. 이 수소는 암모니아 생산(55%), 석유 정제(25%), 메탄올 생산(10%)에 주로 사용되지. 그 외에도 식물성 기름을 수소화시켜 마가린이나 쇼트닝을 만들거나 반도체와 같은 전자 제품 제조, 용접 등 다양한 용도에 쓰이고 있어.

가장 큰 비중을 차지하는 암모니아(NH_3)는 어떤 물질일까? 뒤쪽에 나오는 그림과 같이 암모니아는 질소 원자 1개에 수소가 3개가 붙은 분자야. 암모니아는 유기물, 그중에서도 단백질이 분해될 때 만들어져. 단백질은 아미노산으로 이루어져 있고 모든 아미노산에는 질소와 수소로 이루어진 '아미노기'가 들어 있거든.

4장 수소는 어디에 쓰일까?

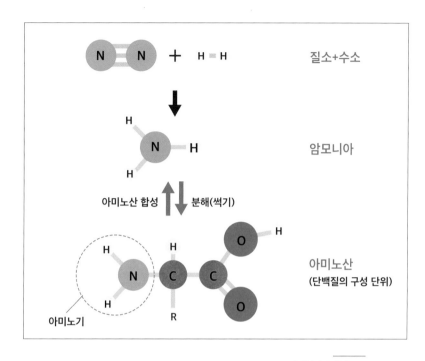

식물이든 동물이든 죽으면 썩어서 흙이 된다고 하잖아. 썩는다는 것은 미생물이 생명의 분자들을 작은 조각으로 분해하는 과정이야. 동식물의 사체와 배설물에는 농작물이 자라는 데 필요한 영양소, 특히 질소를 함유한 물질이 풍부하게 들어 있어. 그래서 예전에 농부들은 풀과 짚에 사람과 동물의 배설물을 섞어 썩힌 것을 농사에 썼지. 이것을 '거름' 또는 '퇴비'라고 해. 거름에는 특유의 톡 쏘는 듯한 불쾌한 냄새가 나는데 바로 암모니아 때문이야.

더럽고 냄새나지만 거름은 농사를 짓는 데 꼭 필요한 귀한 물질이었어. 반복해서 농사를 짓다 보면 토양에 단백질의 원료인 질소 화합물이 특히 부족해지기 일쑤였지. 사실 질소는 공기의 80% 정도를 차지하는 매우 풍부한 기체야. 질소 분자를 이루는 질소 원자를 떼어 낸 다음 각각의 팔에 수소를 붙여 주면 암모니아가 돼. 식물의 성장에 꼭 필요하지만, 식물은 질소를 만들지 못해. 몇몇 콩과 식물 뿌리에 기생하는 뿌리혹박테리아만이 공기 중의 질소 분자로 암모니아를 만들 수 있어.

그런데 20세기에 들어서면서 독일의 화학자 프리츠 하버와 카를 보슈가 질소와 수소를 반응시켜 암모니아를 대량 생산하는 데 성공했지. 암모니아는 인공 비료의 원료가 되어 농업 생산 혁명을 일으키면서 인류를 굶주림에서 구했고 하버는 '공기로 빵을 만든 과학자'라고 불렸어. 오늘날까지도 수소가 가장 많이 사용되는 곳은 바로 암모니아를 만드는 공정이야.

수소 연료 전지

앞에서 봤듯 아직은 수소를 에너지원으로 쓰는 비중은 얼마 되지 않아. 하지만 다가올 미래에 수소는 화석 연료의 빈자리를 메꿔 줄 중요한 에너지원이자 에너지 매개체로 활용될 예정이야. 이것을 가능하게 하는 중요한 기술이 바로 '수소 연료 전지' 기술이란다.

수소 연료 전지란 무엇일까? 먼저 전지가 무엇인지 알아보자. 전지의 정의를 찾아보면 '산화 환원 반응을 이용해서 화학 에너지를 전기 에너지로 바꾸어 주는 장치'라고 나와 있어. '산화'는 전자를 잃어버리

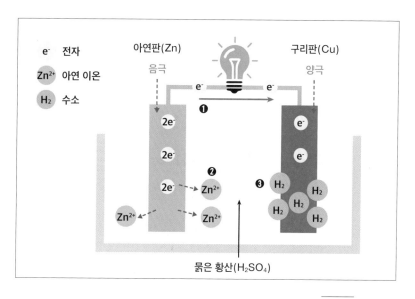

볼타 전지의 원리

는 것, '환원'은 전자를 되찾는 것을 말해. 전지의 원리를 아주 간단하게 설명해 볼게. 전지는 2개의 전극과 전해질(물에 녹아서 이온화되어 전하를 이동시키는 물질)로 이루어져 있어.

최초의 산화 환원 전지인 '볼타 전지'는 묽은 황산 용액(전해질)에 전선으로 연결한 아연판과 구리판을 담근 구조로 되어 있어.

❶ 두 전극을 전선으로 연결하면 산화 전극(아연판)에서 물질이 전자(e^-)
   를 내놓고 양이온이 된다.
❷ 전자는 전선을 통해 밖(구리판)으로 나가고 양이온(Zn^{2+})은 전해질을

통해서 이동한다.

❸ 환원 전극(구리판)에서 전선을 통해 들어온 전자와 전해액의 양이온이 만나서 환원 반응(수소 발생)이 일어난다. 이때 전선을 통해 흐르는 전자가 전류를 생성한다.

최초의 전지인 볼타 전지에서 우리가 많이 보는 길쭉한 원통 모양의 알카라인 건전지, 전기차에 사용되는 리튬 이온 전지, 그리고 지금 알아보려는 수소 연료 전지에 이르기까지, 전지의 재료로 사용되는 물질은 매우 다양하지만 기본적인 원리는 위의 ❶, ❷, ❸으로 요약할 수 있어.

수소 연료 전지 개발 과정

1839년 영국의 판사이자 과학자였던 윌리엄 그로브가 처음으로 연료 전지(fuel cell)를 만들었어. 그로브는 전기로 물을 분해해서 산소와 수소를 만들 수 있다면 거꾸로 수소와 산소를 결합해서 물을 만드는 과정에서 전기를 만들 수 있지 않을까 생각했어. 그리고 그것을 실험으로 입증했지. 그러나 그가 만든 최초의 연료 전지는 전류가 매우 약해 실용화로 이어지지는 못했어.

1932년 프랜시스 토머스 베이컨이 알칼리 연료 전지(AFC)를 만들어서 연료 전지의 실용화 가능성을 열었지. 1960년대에 NASA는 우주에서 쓸 에너지원으로 여러 가지 연료 전지를 개발해서 1965년 제미니 5호,

1968년 아폴로 7호 등 우주선에 탑재했어. 그 이후로 민간 산업 분야에 적용하기 위한 다양한 연료 전지 기술이 개발되었지.

	종류	운전 온도	촉매	전해질	용도
1세대	알칼리 연료 전지(AFC)	상온~100℃	백금	수산화칼륨 용액	우주 발사체
	인산염 연료 전지(PAFC)	150~200℃	백금	인산염 용액	중형 건물
2세대	용융 탄산염 연료 전지(MCFC)	600~700℃	니켈	용융 탄산염	중·대형 건물
3세대	고체 산화물 연료 전지(SOFC)	700~1,000℃	니켈	산화이트륨	소형 발전
4세대	고분자 전해질 연료 전지(PEMFC)	상온~100℃	백금	고분자 이온 막	가정·상 업용
	직접 메탄올 연료 전지(DMFC)	25~130℃	백금	이온 교환 막	소형 이동형

이 중 알칼리, 인산염, 고분자 전해질, 직접 메탄올 연료 전지는 비교적 저온(상온~150℃)에서 작동하는 저온형 연료 전지이고 용융 탄산염 연료 전지, 고체 산화물 연료 전지는 높은 온도(600~1,000℃)에서 작동하는 고온형 연료 전지야.

저온형 연료 전지는 빠르게 작동할 수 있고 내구성이 좋으며 작게 만들 수 있어서 적용 범위가 넓은 장점이 있지만, 촉매로 값비싼 백금을 써야 하는 것이 단점이지. 고온형 연료 전지는 시동을 거는 데 시간이 걸리고 높은 온도에서 장시간 작동하기 때문에 내구성이 문제가 되기도 해. 하지만 백금 대신 니켈을 촉매로 쓸 수 있다는 것은 고온형 연료 전지의 장점이지. 고온형 연료 전지는 주로 대용량 발전에 사용해.

　최근 연료 전지의 세계 시장 점유율은 고분자 전해질 연료 전지가 70%, 고체 산화물 연료 전지가 30% 정도이고, 나머지를 용융 탄산염, 인산염 등 다른 형태의 연료 전지가 차지하고 있어.

수소 연료 전지의 원리

　　　　그렇다면 수소 연료 전지는 어떻게 전기를 만들까? 가장 많이 사용되고 있는 고분자 전해질 연료 전지(PEMFC)의 작동 원리를 알아보자.

　수소 분자는 2개의 수소 원자가 사이좋게 전자를 공유하며 손을 붙잡고 있는 형태야. 산화 전극으로 수소를 공급하면 백금 촉매가 수소 분자를 분해시키지. 금속은 산화가 잘되는, 다시 말해 전자를 잘 잃어버리는 성질을 갖고 있어. 그건 외부 원자들과 교류하려는 자유로운 전자들이 많다는 뜻이야. 이 전자들이 수소 분자의 양성자를 끌어당기면서 수소 분자의 결합을 약하게 만들어서 끝내 떼어 놓는 거지. "너 재랑 놀지 말고 나랑 놀아!" 하면서 단짝 친구 사이를 이간질하는 것을 상상하면 돼. 이때 수소-수소 결합만 깨지는 게 아니라 수소 원자에서 양성자와 전자가 서로 분리돼.

　분리된 양성자($H+$)와 전자($e-$, 전자는 영어로 electron이라 보통 e-로 표시)는 연료 전지의 산화 전극에서 헤어져서 각기 다른 길을 간단다. 전

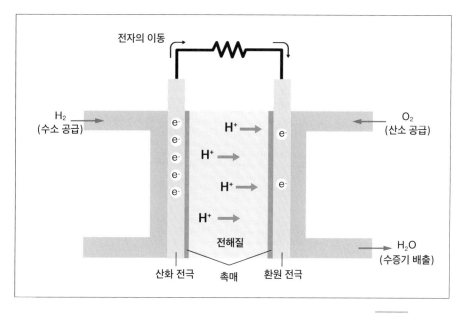

전자의 이동

H₂
(수소 공급)

O₂
(산소 공급)

H⁺

H⁺

H⁺

H⁺

H₂O
(수증기 배출)

전해질

산화 전극   촉매   환원 전극

수소 연료 전지의 원리

자는 전극에 연결된 전선을 타고 전지 바깥으로 나가서 다양한 일을
해. 수소차라면 자동차의 모터를 돌리겠지? 전자를 잃어버린 양성자
는 농도 차이에 따른 확산과 전해질막을 구성하는 음이온 분자에 이끌
려서 전해질막을 건너가. 그러면 환원 전극에서 바깥세상을 한 바퀴
돌고 돌아온 전자와 전해질막을 건너온 양성자 그리고 공기 중의 산소
가 합체되어 물이 되는 거지.

  수소 연료 전지가 환영받는 이유 중 하나가 연료를 태우는 연소 과
정이 없어서 이산화탄소는 물론이고 질소산화물, 황산화물 등 유해 물

질이 생기지 않고 오직 깨끗한 물만 나온다는 점이야.

연료 전지 하나의 출력은 매우 작지만 이런 전지들을 겹겹이 포개 놓으면 직렬로 연결하는 효과가 있어서 전압 차가 커지고 자동차를 움직이거나 주변에 전기를 공급하기에 충분할 만큼 전기를 생산할 수 있어. 이렇게 전지를 겹겹이 포개 놓은 것을 '스택(stack)'이라고 해.

자, 그렇다면 깨끗하고 강력한 연료 전지를 어디에 쓸 수 있을까?

수소 모빌리티

화석 연료 연소에 따른 이산화탄소 배출 가운데 약 25%는 자동차, 비행기, 기차, 선박 등 사람과 물건을 실어 나르는 운송 분야에서 발생해. 전 세계에서 생산되는 원유의 절반 정도가 운송에 사용되고 있으므로 지구 온난화를 막기 위해서는 운송 분야에서 청정 에너지로 전환하는 것이 매우 중요해.

화석 연료를 태우는 내연 기관 자동차를 대신하기 위해 전기차가 개발되었어. 보통 전기차라고 하면 2차 전지라고 하는 리튬 이온 배터리가 장착된 자동차가 떠오르지? 그런데 수소 연료 전지가 장착된 수소차도 전기차의 일종이야. 배터리를 충전시키는 대신 연료(수소)의 산화 환원 반응으로 전기를 만들어서 쓰는 차이가 있을 뿐이지.

화석 연료의 고갈과 지구 온난화의 우려로 세계의 자동차 회사들은 수십 년 전부터 수소차 연구를 진행해 왔어. 현재 수소차 개발의 선두에 있는 기업은 우리나라의 현대자동차와 일본의 도요타야. 현대자동차는 2013년 수소차 투싼을 대량 생산하는 데 성공했고 2018년부터 새로운 모델인 넥쏘를 판매하면서 세계의 수소 승용차 시장을 주도하고 있어. 도요타는 2014년 세계 최초로 수소 연료 전지 자동차 미라이를 판매하기 시작했어. 이렇게 우리나라와 일본을 대표하는 자동차 회사들이 서로 경쟁하며 수소차가 달려갈 길을 닦아 가고 있지.

하지만 수소차 시장은 아직 규모가 작고 미미한 수준이야. 정부의 지원, 기업의 노력, 소비자의 선택에 있어서 배터리 전기차와도 경쟁을 벌여야 하지. 지금까지는 전기차가 훨씬 인기가 좋지만 장거리 수송이나 트럭, 버스와 같은 상업용 차량은 수소차가 유리해. 수소차가 한 번 충전해서 달릴 수 있는 거리가 훨씬 길거든. 연료 주입이나 탱크를 교체하는 것도 전기차의 충전보다 시간이 덜 걸리지.

전기차는 전기차대로, 수소차는 수소차대로 장단점이 있기 때문에 소비자들은 필요에 맞추어 선택하게 될 거야.

또 자동차뿐만 아니라 기차, 선박, 비행기, 드론, 건설 기계 등 다양한 이동 수단 분야에서도 수소 연료 전지를 적용하기 위한 연구가 이루어지고 있어.

수소
발전

수소로 전기를 만드는 방법은 크게 '연료 전지를 이용한 방식'과 '수소를 연소시켜서 나오는 열로 터빈을 돌려 전기를 생산하는 방식'으로 나눌 수 있어.

연료 전지 이용 방식

현재 우리나라에서는 50여 기의 석탄 화력 발전소와 6곳의 원자력 발전소에 있는 24기의 원자로가 전 국민이 쓰는 대부분의 전력을 공급하고 있어. 거대한 발전소에서 고온의 증기로 터빈을 돌려서 만든 전기를 대규모 전력망을 통해 소비자에게 보내는 거지. 이것을 '중앙집중적 전력 공급'이라고 해. 그런데 연료 전지를 사용하면 소비자와 가까운 곳에 작은 규모의 발전기를 두고 마을이나 아파트 단지별로 전기를 자급자족할 수 있어. 바로 '분산형 전력 공급'이야.

분산형 전력 공급은 여러 가지 장점이 있어. 전기가 필요한 곳이 발전소에서 멀다면 전선을 통해 전기를 보내는 동안 전력 손실이 많거든. 아무래도 가까운 곳에서 전기를 만들어서 쓴다면 손실을 줄일 수 있겠지. 신재생 발전 비율이 점점 높아질수록 수소 연료 전지는 아주 유용해. 원자력 발전소나 화력 발전소를 세우려면 방사능 위험이나 오염 물질 배출이 걱정되기 때문에 주변 주민들이 반대하는 경우가 많아. 하지만 내가 쓸 전기를 내 집 근처에서 깨끗한 방식으로 만든다면 그런 불만은 없어지겠지? 오히려 그 지역에 새로운 일자리를 만들기 때문에 주민들도 환영할 거야.

발전소를 짓고 난 뒤에는 전기 수요가 늘어나더라도 발전 용량을 늘리는 것이 어렵지만, 전지를 겹겹이 쌓은 스택, 스택을 여러 개 묶어 놓은 모듈로 이루어진 연료 전지 발전소는 필요하면 모듈을 추가하기만 하면 되므로 손쉽게 발전 용량을 늘릴 수 있지. 현재 연료 전지는 기업의 공장이나 데이터 센터, 병원 등 전기 공급이 끊기면 안 되는 중요한 시설에서 비상 전원으로 많이 사용되고 있어.

앞에서 우리나라의 현대자동차와 일본의 도요타가 수소차 상용화에 앞서 나가고 있다고 했는데, 연료 전지 발전 분야에서도 우리나라와 일본이 앞장서고 있어. 우리나라는 2019년 수소 연료 전지 발전 용량에서 세계 1위에 올랐어. 덕분에 기존의 화력 발전소, 원자력 발전소를 운영하던 회사들도 수소 연료 전지 발전에 뛰어들고 있지.

2021년에 지어진 인천 연료 전지 발전소는 발전 용량이 약 80메가와트(MW)인데, 수도권 25만 가구에 전기를 공급할 수 있는 세계 최대 규모의 연료 전지 발전소야.

일본은 '에너팜'이라고 하는, 소형 연료 전지를 주택과 건물용으로 보급하는 데 힘쓰고 있어. 아직은 수소를 공급하기 어렵기 때문에 가정에 공급되는 가스로부터 수소를 추출하는 장치를 연료 전지에 연결해서 작동하고 있지. 연료 전지 발전의 장점은 발전 과정에서 생긴 열을 난방용으로 공급함으로써 효율을 높일 수 있다는 거야. 발전만으로는 효율이 30~50%이지만 열효율까지 보태면 70~90%로 효율이 올라가지.

수소 연료 이용 방식

연료 전지를 통해 수소와 산소의 산화 환원 반응으로 전기를 만들 수도 있지만, 수소 자체가 불에 잘 타는 기체이기 때문에 연료로도 사용할 수 있어. 캐번디시가 처음 발견했을 때부터 불에 잘 타는 성질은 수소의 가장 뚜렷한 특징 중 하나야. 그렇다면 지금 석탄이나 천연가스를 태워서 화력 발전소를 돌리듯, 수소를 태워서 전기를 만들 수 있지 않을까?

실제로 그런 방식을 시도하고 있어. 천연가스와 수소를 섞어서 연료로 사용하는 것을 '수소 혼소 발전'이라고 해. 수소를 연료 기체 중 60%까지 사용해도 별 무리가 없었다는 연구 결과도 있지. 다만 수소와 천연가스가 연소 온도나 연소 특성이 좀 달라서 장치나 연소시키는 방법에 변화를 주어야 해. 더 나아가서 100% 수소만을 연료로 쓰는 가스 터빈도 개발하고 있어. 집에서 가스레인지나 난방용으로 사용하는 도시가스에 수소를 조금씩 섞어서 보내는 방법도 시도 중이지.

　이렇게 천연가스 대신 수소를 연료로 쓰기 위해 노력 중이지만 아직은 대부분 연구 단계야. 왜냐하면 수소가 천연가스에 비해 많이 비싸거든. 그렇지만 태양광이나 풍력 발전에서 보았듯, 처음에는 엄청나게 비쌌던 기술이 상용화되고 시장이 커져서 대량 생산과 기술 개발로 효율이 개선되면 점점 가격이 내려가게 마련이야. 수소를 좀 더 싼 가격에 생산하게 될 날이 올 때까지 수소를 사용할 준비를 해 놓아야겠지?

수소
제철

지각, 그러니까 지구의 표면이자 우리가 밟고 있는 땅에서 가장 풍부한 원소가 무엇일까? 정답은 뜻밖에도 산소란다. 산소는 기체 상태로 대기의 20%를 차지하고 있고 지각을 구성하는 원소 중 약 47%를 차지하고 있어. 흙과 돌 같은 지각을 이루는 물질에는 다양한 원소들이 산소와 결합한 상태로 존재하기 때문이지.

지각에 산소 다음으로 많은 원소는 28%를 차지하고 있는 규소(Si)야. 다음은 약 8%를 차지하고 있는 알루미늄(Al), 그다음이 약 5%를 차지하는 철(Fe)이야. 이 원소들은 제각기 산화규소(SiO_2), 산화알루미늄(Al_2O_3), 산화철(Fe_2O_3) 상태로 존재해. 산소가 왜 여기저기 다 끼어 있는 걸까?

산화와 환원

물 분자를 설명할 때도 말했지만, 산소는 전자 욕심이 많아서 남의 전자를 탐내. 그리고 철과 같은 금속들은 전자를 잘 내주는 경향이 있어. 그래서 금속과 산소가 만나면 금속의 전자를 산소가 뺏어 가면서 금속은 양이온, 산소는 음이온이 되고 반대 전하끼리 서로 끌어당겨 이온 결합을 하지(좀 더 정확히 말하면 이온 결합과 공유 결합의 특성을 모두 가진 결합이야.). 이것을 '산화'라고 해. 철을 공기 중에 오래 두면 붉게 녹이 스는데, 바로 철이 산화되는 거야.

철광석은 이렇게 철이 산소와 결합한 '산화철'의 형태로 존재해. 그래서 우리가 철을 얻으려면 우선 철 원자에 붙어 있는 산소 원자를 떼어 내야 하지. 산소와 결합하는 것을 '산화'라고 한다면 산소를 떼어 내는 것은 '환원'이라고 해. 그러니까 철을 생산하는 제철 과정은 철을 환원시키는 과정이라고 볼 수 있어.

철에서 산소를 떼어 내기 위해 철광석을 '코크스'라는 물질과 함께 '고로'라는 용광로에 넣고 엄청나게 높은 열을 가해서 활활 태우는 방법을 써. 코크스는 석탄에서 다른 원소들을 제거하고 거의 탄소만 남긴 물질이야. 철광석과 코크스를 함께 가열하면 철과 결합하고 있던 산소가 떨어져 나와 탄소와 결합해서 이산화탄소가 되지(일단 일산화탄소가 되고 그다음 일산화탄소가 다시 철로부터 산소를 하나 더 떼어 내서 이산화탄소가 되는 두 단계 과정이야.).

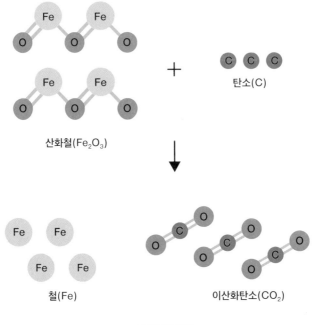

산화철(Fe$_2$O$_3$)

탄소(C)

철(Fe)

이산화탄소(CO$_2$)

산화철의 환원

제철 산업과 수소

　제철 산업은 전 세계 이산화탄소 배출에서 8%를 차지하고 있어. 발전, 수송 분야를 빼고 제조업 분야에서는 압도적 1위를 차지하고 있는 악명 높은 탄소 배출 산업이지. 그렇다면 아예 철에서 산소를 떼어 낼 때 탄소가 아닌 다른 물질을 사용할 수 있다면 더 좋지 않을까? 자, 여기에서 등장한 것이 수소야.

영어 표현 중에 이성이 서로 이끌려 사랑에 빠지는 것을 둘 사이에 케미스트리(chemistry, 화학)가 있다고 표현해. 수소와 산소 사이에도 불꽃 튀는 케미스트리가 작용하지. 그렇다면 철광석을 수소와 함께 가열하면 철에 붙어 있던 산소가 수소 쪽으로 오지 않을까? 이것이 바로 수소 환원 제철의 아이디어야.

탄소 배출을 줄이기 위해 세계의 철강 회사들이 수소 환원 제철 연구에 박차를 가하고 있어. 사브(SAAB)라는 스웨덴 회사는 2020년에 수소를 사용해서 만든 철강 제품을 최초로 상용화했어. 우리나라의 철강 회사 포스코(POSCO)나 현대제철도 수소 환원 제철 기술 개발에 집중하고 있지.

암을 치료하는 양성자

수소는 원자핵과 전자 1개로 이루어져 있고 수소의 원자핵은 양성자 1개만으로 이루어졌어. 그렇다면 수소에서 전자를 떼어 내면 양성자만 남겠지? 양성자는 수소 무게의 대부분을 차지해. 그러니까 또 다른 모습의 수소라고도 할 수 있어.

양성자는 양전하를 띠고 있는 입자이니 전기장을 걸면 음극 쪽으로 움직일 거야. 이 단순한 원리에 따라 전압을 걸어서 양성자를 가속할 수 있어. 20세기 초에 과학자들은 전하를 띤 입자들을 가속해서 충돌시키는 연구로 원자의 수많은 비밀을 밝혀냈지.

1929년 미국 캘리포니아대학교(UC Berkeley)의 물리학자 어니스트 로렌스가 '사이클로트론'이라는 원형 가속기를 발명한 이후로 입자 가속기의 성능은 한층 발전했어. 전하를 띤 입자의 이동 방향에 수직으로 자기장을 걸어 경로를 회전시킴으로써, 원형의 궤도를 돌게 하면서 가속하는 원리야. 입자 가속기는 다양한 입자들을 가속해 충돌시킴으로써 원자를 이루는 기본 입자들을 찾아내고, 자연에 존재하지 않는 원소들도 만들어 내는 등 물리학의 발전

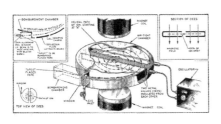

과학 잡지에 실린 사이클로트론의 작동 원리

에 크게 기여했어.

　입자 가속기는 우리의 삶에 직접 도움을 주기도 해. 특히 의료 분야에서 아주 중요한 역할을 하고 있지. 암을 치료하기 위해서는 화학 요법과 같이 약을 사용하거나, 수술로 직접 암 덩어리를 떼어 내거나, 방사선을 쪼여서 암세포들을 파괴하는 방법을 써. 암 치료에 사용하는 방사선은 높은 에너지를 가지고 세포 안의 DNA와 같은 생명의 분자들을 이온화시키지. 암세포의 DNA를 크게 변형시켜 암세포를 죽이고 암을 치료할 수 있어. 이런 방사선을 만들어 내는 것이 입자 가속기야.

　사이클로트론을 발명한 어니스트 로렌스의 동생인 존 로렌스는 의사였는데 물리학자였던 형의 연구에 영감을 받아 입자 가속기를 암 치료에 응용하기 위해 연구했어. 존 로렌스는 입자 가속기로 만든 방사성 인(P)이 암세포를 약화시킨다는 사실을 알아냈어. 그 외에도 입자 물리학과 의학을 연결해서 다양한 방사선 치료와 방사선이 인체에 미치는 영향을 연구한 업적으로 '핵의학의 아버지'로 불리지.

　로렌스가 핵의학의 아버지가 된 건 바로 어머니 때문이었어. 로렌스 형제의 어머니는 60대 후반에 자궁암에 걸렸어. 의사는 어머니가 몇 달밖에 살 가망이 없다고 말했지만 형제의 전문 지식으로 당시 최신 방사선 치료를 받아 완치되었고 83세까지 행복하게 살았다고 해. 물리학과 의학이 손을 잡아 이루어 낸 아름다운 일화가 아닐까 해.

5장

수소는 어떻게 만들까?

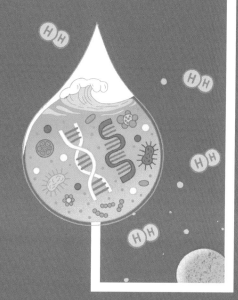

수소의
출신 계급

만일 사람을 인종이나 출신지 기준으로 계급을 나누고 차별한다면 어떨까? 악명 높은 나치의 유대인 차별이나 인도의 카스트 제도처럼 매우 나쁜 일로 생각될 거야. 하지만 오늘날 우리는 수소에 적극적으로 꼬리표를 붙여 차별하고 있어. 왜일까?

수소를 만드는 방법은 여러 가지야. 그런데 수소 에너지 개발의 목적이 지구 온난화를 막기 위해서인데 수소를 만드는 방법 중 일부는 오히려 온실가스 배출의 원인이 되고 있어. 그래서 똑같은 수소지만 어떻게 탄생했는지에 따라 지구와 인류에게 좋은 수소와 지구 온난화에 일조하는 나쁜 수소로 나누고 꼬리표를 붙이는 거야. 그래야 점점 더 좋은 수소로 세상을 채워 나갈 수 있겠지? 수소의 꼬리표는 색깔로 나타내.

회색 수소(Gray hydrogen)

　　회색이라고 하면 뭔가 칙칙한 느낌이 나고 스모그나 미세 먼지 가득한 더러운 공기가 떠오르지? 화석 연료로 만들어지고 그 과정에서 이산화탄소를 배출하는 수소를 '회색 수소'라고 해. 안타까운 것은 현재 만들어지는 수소의 96%가 회색 수소라는 사실이야. 지금까지 수소 산업은 수요나 생산 모두 지구 온난화에 대한 고려가 없이 이루어졌어. 그러나 앞으로 회색 수소의 비중은 크게 줄어들 거야.

　　그렇다고 회색 수소를 무작정 배척할 수도 없어. 지금은 이것이 가장 저렴하게 수소를 만드는 방법이기 때문이지. 수소 산업을 활성화하고 수소 경제를 앞당기기 위해서는 일단 회색 수소라도 만들어서 수소 가격을 낮추도록 노력해야 해.

녹색 수소(Green hydrogen)

　　'녹색 수소'는 이름부터 친환경적이지? 수소를 만드는 여러 방식 가운데 가장 환경에 이로운 수소야. 녹색 수소는 신재생 발전으로 만든 전기로 물을 분해해서 만들어. 바람이나 햇빛이 강할 때 전기가 많이 만들어져서 전력망에 필요한 양을 공급하고도 남으면 그 전기로 물을 분해해서 수소로 만들어 저장하는 거지. 또 중동이나 아프리카, 호주처럼 햇빛이 강하고 남는 땅이 많은 곳에서 태양광 발전을 통해 수소를 만든 뒤 에너지가 부족한 나라에 수출하기도 하고.

　　현재 전기 분해로 생산되는 녹색 수소는 생산되고 있는 전체 수소의

1~2%에 지나지 않아. 만드는 데 비용이 많이 들기 때문이지. 하지만 대량 생산해서 가격을 낮추어 가면 경쟁력을 얻을 수 있게 되겠지. 화석 연료에 대한 의존을 끊고 지구 온난화를 막을 수 있는 진정한 수소 에너지 사회의 주역은 녹색 수소가 될 거야.

청색 수소(Blue hydrogen)

아직은 녹색 수소 기술이 너무 비싸고 불완전해서 생산되는 수소는 화석 연료로부터 얻는 회색 수소가 대부분이야. 만일 회색 수소를 만들 때 나오는 이산화탄소를 대기로 방출되기 전에 붙잡아 둘 수 있다면 어떨까? 이런 기술을 'CCUS(Carbon Capture, Utilization, and Storage)'라고 해. 탄소를 포획해서 활용하거나 저장한다는 의미지. 수소를 만들 때뿐만 아니라 발전소, 시멘트나 제철 등 이산화탄소가 많이 배출되는 공장의 굴뚝에 이산화탄소를 흡수할 수 있는 장치를 달아 대기로 날아가기 전에 잡아 둔다면 정말 멋진 해결책이 되겠지? 이렇게 붙잡아 둔 이산화탄소는 땅속 깊이 묻어 버리거나 유용한 용도를 찾아 활용할 수 있어.

예를 들어 가스나 원유를 채굴하는 유정에 이산화탄소를 넣으면 그 압력으로 원유와 가스를 밀어내서 생산량을 늘리는 효과가 있다고 해. 또 물속의 미세 조류를 대량으로 생산하면 바이오 연료를 추출할 수 있는데, 이산화탄소는 미세 조류가 광합성을 하는 데 재료가 되지. 그 밖에 이산화탄소를 가지고 메탄올, 유기산, 플라스틱의 원료, 합성 연료 등을 만들어 내는 방법도 연구하고 있단다.

아직은 이산화탄소를 포획하는 단계나 포획한 이산화탄소를 활용하는 단계 모두 효율과 경제성이 높지 않지만 수많은 과학자와 엔지니어들이 이 문제에 달려들어 씨름하고 있으니 점점 더 나은 기술이 발견될 거야. 이렇게 화석 연료로 만들었지만, 이산화탄소를 배출하지 않고 포획하는 경우의 수소를 '청색 수소'라고 해.

그 밖의 수소들

산소가 없는 상태에서 800~1,200℃ 정도로 천연가스(메테인, CH_4)를 가열하면 열에 의해 탄소와 수소 원자로 분해돼. 이때 수소 기체가 생성되고 고체 상태의 탄소가 그을음 형태로 남아. 이렇게 만든 수소를 '청록 수소(Turquoise hydrogen)'라고 해. 이때 생성된 그을음은 순수한 탄소로 이루어진 '카본 블랙'이라는 소재인데, 고무, 타이어, 페인트 등을 만드는 데 활용할 수 있어.

원자력 발전으로 만들어진 전기로 물을 전기 분해해서 만든 수소는 '분홍 수소(Pink hydrogen)', 원자로에서 나오는 높은 열을 이용해서 고온 수전해 기술이나 황-요오드 열화학 물 분해법으로 만든 수소는 '보라 수소(Purple or Red hydrogen)'라고 해. 또 석탄을 가스로 만드는 과정에서 나온 수소는 '갈색 수소(Brown hydrogen)', 기존 전력망의 전기로 물을 분해해서 만든 수소는 '황색 수소(Yellow hydrogen)'라고 부르지.

113

이외에도 수소를 생산하는 다양한 방법들이 연구되고 있어. 예를 들어 우리나라의 한국해양과학기술원의 탐사선 온누리호는 심해 열수구에서 수소를 만들어 내는 '써모코커스 온누리누스 NA1'이라는 균주를 발견했어. 이 박테리아의 유전자를 조작해서 수소 생산성을 100배 이상 높였다고 해. 또 태양 전지는 태양광을 이용해서 전기를 생산하지만, 태양광과 광촉매를 이용해서 산화 환원 반응을 일으킴으로써 직접 수소를 생산하는 인공 광합성 기술도 연구되고 있단다.

민감하고 까다로운
기체, 수소

수소는 에너지 밀도가 매우 높아서 좋은 연료가 될 수 있어. 무게를 기준으로 할 때 가솔린(휘발유)이나 천연가스(메테인)의 3배 정도의 에너지 밀도를 갖고 있지. 하지만 수소는 다루기 어려운 기체야. 매우 가볍고, 불이 잘 붙는 점은 수소의 장점이지만, 한동안 우선순위에서 밀려나게 만든 단점이기도 해. 지금은 수소의 특성을 잘 다스릴 수 있는 기술이 발전해서 까다로운 수소를 잘 이용하고 있지.

보관

수소는 매우 가벼워서 같은 무게일 때 엄청 많은 부피를 차지하므로 압축해서 유통해. 수소차에 공급하는 수소는 대기압의

700배 정도 되는 아주 높은 압력인데 이렇게 수소 기체를 압축할 때 에너지가 많이 소모돼.

또 수소는 불에 잘 타는 물질이야. 그런데 불에 잘 타는 특성(가연성)과 불이 잘 붙는 특성(인화성)은 구분할 필요가 있어. 대부분 가연성이 높은 물질이 인화성도 높지만 두 특성이 항상 같이 움직이지는 않아. 예를 들어 종이나 나무는 가연성은 높지만, 인화성은 별로 높지 않지. 인화성을 결정하는 특성은 스스로 불이 붙을 수 있는 온도(인화점), 그리고 가스가 공기와 혼합되어 폭발할 수 있는 가스와 공기의 비율인데, 이것을 '폭발 한계'라고 하지. 수소는 메테인이나 에테인, 프로페인, 뷰테인과 같은 연료 가스에 비해 인화점이 낮고 폭발 한계 범위가 넓어서 인화성이 특히 높아.

수소 비행선 힌덴부르크호의 비극적인 폭발 사고로 사람들의 머릿속에 수소는 굉장히 위험한 기체라는 두려움이 남아 있어. 하지만 너무 공포심을 가질 필요는 없어. 산업안전보건공단의 자료에 따르면 2010년부터 2021년까지 발생한 폭발 사고는 총 1,072건인데 이 중 수소 관련 폭발 사고는 6건에 불과해. 물론 수소가 다른 연료에 비해 적게 쓰이기 때문에 빈도를 비교하는 것은 큰 의미가 없을 수도 있어.

가연성과 인화성이 높고 비극적인 폭발 사고도 있었지만, 수소가 폭발 사고로부터 상대적으로 안전한 이유는 매우 가볍다는 점이야. 수소는 일단 새어 나오면 하늘로 올라가며 퍼져 버리거든. 메테인같이 분자량이 큰 연료 기체들은 공기보다 무거워서 누출되면 바닥에 쌓이기 때문에 더 위험해. 수소는 이미 200년 이상 생산하고 사용하면서 안전하게 다루는 법을 개발하고 익힐 시간이 많았다는 점을 기억해야 할 거야.

저장

새로운 시대의 연료가 될 수소를 작은 용기에 꽉꽉 채워 넣는 것은 마치 알라딘에 나오는 커다란 요정 지니를 조그만 램프 속에 집어넣는 것과 비슷해. 기체를 어마어마하게 압축해서 넣으려면 엄청난 압력을 지탱할 수 있는 특별한 용기가 필요하지. 수소차나 수소 충전소, 수소 이송 탱크 등은 엄청나게 높은 압력을 유지할 수 있는 특별한 용기를 사용해야 해. 이 용기의 외부는 탄소 섬유로 둘둘 감싸져 있어. 탄소 섬유는 무게가 철의 4분의 1이지만 강도는 10배나 되지.

또 수소는 금속 결정 사이를 파고드는 성질을 가지고 있어. 이것을 어려운 말로 '취성'이라고 해. 수소가 금속에 파고들면 금속의 결합력이 약해져서 틈이 생기는데, 이것을 막기 위해 용기 내부는 플라스틱으로 만들어야 해.

배관

수소를 연료로 사용하는 시대가 오면 오늘날 도시가스를 공급하듯 수소도 배관으로 공급할 수 있을 거야. 이미 만들어진 도시가스 배관을 활용할 수 있겠지. 이미 독일, 프랑스, 스페인 등 유럽 국

118

가에서 수소를 천연가스 배관에 혼합해 공급하고 있고 우리나라도 연구 중이야. 기존의 가스관을 활용한다면 추가적인 투자 없이 수소를 곳곳에 공급할 수 있으니 매우 효율적이겠지. 다만 수소의 취성 때문에 배관을 약하게 만들 수 있으므로 배관의 내부에 수소가 스며들지 못하도록 산소로 처리하거나 코팅을 해야 할 수도 있어.

운송

국내에서 수소를 이동시킬 때는 고압 용기에 담아 트럭으로 운송하거나 가스 배관을 통해 공급하지만 해외에서 수소를 수입하는 경우에는 멀고 먼 바닷길을 통해 수소를 들여오기 때문에 수소의 부피를 더 줄일 방법을 찾아야 해. 현재 연구 기관과 기업들이 여러 가지 방법을 놓고 검토하고 실증해 나가고 있는 중이지.

온도가 내려가면 모든 물질은 기체에서 액체로, 액체에서 고체로 상태가 변해. 수소도 온도를 낮추어 액체로 만들면 부피가 줄어들어 저장하고 운반하기에 편리하지 않을까? 이 경우에는 고압으로 보관할 필요가 없으므로 탱크도 더 가볍고 저렴한 소재를 쓸 수 있을 거야.

현재 우리나라는 액화 천연가스(LNG)를 많이 수입하고 있어. 온도를 낮춰서 기체를 액체로 만드는 것을 '액화'라고 해. 그렇다면 수소도 액체 상태로 들여오면 되지 않을까? 그런데 수소를 액화시키려면 천연가스보다 훨씬 더 낮은 온도가 필요해. 수소 원자가 더 작고 가볍기 때문이지. 액화 천연가스는 영하 160℃ 정도로 운송하는데 수소는 영하 253℃ 이하를 유지해야 해.

이렇게 낮은 온도로 액화하는 데는 아주 많은 에너지가 필요하지. 그래서 수소가 가진 에너지의 30% 정도가 액화 과정에 쓰일 정도야. 게다가 운반 중에 하루에 0.3%씩 기화되어 날아가는 것도 감안해야 하고, 다시 기체로 만들 때도 역시 에너지가 필요하다는 단점이 있어.

암모니아는 오래전부터 비료를 만들기 위해 인공적으로 합성해서 세계적으로 유통되던 물질이야. 메테인으로부터 떼어 낸 수소를 공기 중의 질소와 높은 온도와 압력에서 반응시켜 암모니아를 만들지. 이 제조법을 발견한 사람의 이름을 따서 '하버-보슈법'이라고 해.

암모니아를 만드는 것도 높은 열과 압력을 가하는, 에너지가 많이 드는 과정이야. 그래서 신재생 에너지가 풍부한 곳에서 수소를 생산한 다음, 암모니아를 만들어 에너지가 부족한 나라로 수출하고, 그 나라는 다시 암모니아에서 수소를 떼어 내서 사용하는 것도 수소 운반의 방법이 될 수 있어. 그뿐만 아니라 암모니아를 직접 연료로 사용하는 방법도 연구되고 있지.

액체 유기물 수소 운반체 (LOHC)

암모니아를 만들어 수소의 전달체로 이용하듯, 수소를 붙였다 떼었다 할 수 있는 다른 분자를 이용할 수도 있어. '액체 유기물 수소 운반체' 또는 liquid organic hydrogen carrier의 약자인 'LOHC'라고 부르는 물질이야. 현재 LOHC로 연구 중인 대표적인 물질은 '톨루엔'이지. 쉽게 말하면 톨루엔에 수소를 붙여서 운반하고, 다시 떼어서 사용하는 거야. 하지만 톨루엔에 수소를 붙일 때나 다시 떼어 낼 때 모두 열을 가해야 하기 때문에 에너지가 들고, 수소를 분리할 때 백금 촉매를 쓰기 때문에 비용이 많이 든다는 것이 단점이지.

기타 수소 운반체

수소는 매우 작은 분자라 금속의 결정 구조에 침투할 수 있어. 이런 특성을 이용해서 아예 금속 결정 안에 수소를 저장해서 운반하는 방법도 검토하고 있지. 적절한 성질을 가진 금속들을 합금으로 만들어서 수소 운반체로 쓰는데 이것을 '수소 저장 합금'이라고 해. 수소 저장 합금은 온도를 낮추거나 압력을 높이면 수소를 흡수해서 금속 수소화물 형태로 존재하다가 온도를 높이거나 압력을 낮추면 수소를 방출하거든. 독일과 우리나라에서는 잠수함의 연료 전지에 수소를 공급할 때 수소 저장 합금을 쓰고 있어.

금속 표면에 수소와 화학적으로 결합해 수소를 운반하는 금속 수소화물 운반체도 있어. 금속 원자는 수소 원자를 끌어당기는 전자가 많아서 수소 원자와 화학 결합을 형성할 수 있거든. 제올라이트, 탄소 나노 튜브, 금속 유기 골격체(MOF)와 같이 물리적으로 미세한 구멍이 많이 있는 분자들에 수소를 흡착시켜서 운반하는 방법도 연구되고 있어.

우주 여행의 숨은 영웅, 수소

아주 오래전부터 인간은 별을 바라보며 날아오르는 꿈을 꾸었어. 가장 가벼운 기체인 수소는 기구나 비행선으로 하늘을 나는 꿈을 이루는 데 도움을 주었지. 그런데 대기권을 벗어나 우주로 나아가는 꿈을 이루는 데도 수소는 큰 역할을 했어. 인간과 인공위성을 우주로 실어 나르는 로켓의 연료가 되어서 말이지.

로켓이란 자체 추진력으로 앞으로 나아가는 발사체를 말해. 한국형 발사체 나로호나 누리호의 발사 장면을 본 적 있니? 긴 원통형의 로켓이 아래 부분에서 거대한 불꽃과 기체를 내뿜으며 하늘로 솟아오르지? 로켓이 앞으로 나아가는 원리는 '모든 작용에 대해서 크기는 같고 방향은 반대인 반작용이 존재한다'는 뉴턴의 작용·반작용의 법칙, '제3법칙'이야. 조금 쉽게 설명하면 내가 벽을 밀면 같은 힘으로 벽이 나를 민다는 거지. 또 다른 예로 풍선에 공기를 가득 채웠다가 입구를 열면 공기가 빠져나오면서 풍선이 반대 방향으로 '피융' 하고 날아가는 것을 볼 수 있어. 로켓의 원리도 똑같아. 로켓 엔진이 연료를 태워서 생긴 엄청난 가스를 밀어내면서 그에 대한 반작용으로 위로 솟아오르는 거지.

로켓 기술이 발전함에 따라 과학자들은 로켓을 우주로 쏘아 올리기 위한 최적의 연료를 찾았어. 이런 과정에서 수소는 로켓 연료 분야의 슈퍼스타로 떠올랐지.

로켓은 연료가 타면서 내뿜는 기체의 속도에 비례해서 추진력을 얻고, 기체의 속도는 연료의 발열량에 비례해. 수소는 다른 연료

에 비해 무게 대비 매우 높은 열량을 가지고 있어서 효율적인 로켓 연료 후보가 되었어. 그뿐만 아니라 금속을 부식시키지도 않고 독성도 없고 연소 후에도 무해한 수증기만 남기는 깨끗한 연료였지.

그러나 수소의 문제점은 상온에서 기체 상태로 존재하고 가볍기 때문에 부피가 엄청나게 크다는 거야. 로켓의 부피 중 상당 부분이 추진체, 즉 산소와 연료로 이루어져 있는데 연료의 부피가 크다는 것은 큰 문제가 되겠지? 그래서 연료인 수소와 수소를 태울 산화제 산소를 모두 극저온에서 액체로 보관하다가 로켓에 싣고 발사 순간에 다시 기체로 만들어 연소시키는 거야. 이런 극저온을 다루는 기술은 매우 어려운 기술이라 활용할 수 있는 나라가 많지 않아. 전통적으로 미국의 로켓들이 액체 수소를 연료로 많이 사용했어.

로켓 연료로 케로신(등유), 하이드라진, 메테인 등 다른 액체 연료와 고체 연료 등이 사용되거나 개발되고 있지만 액체 수소 연료는 여전히 중요한 자리를 차지하고 있지.

6장

작은 태양을 만들 수는 없을까?

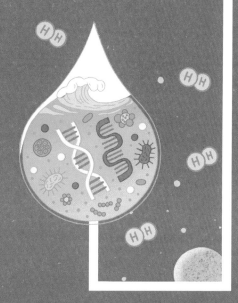

무한하고
깨끗한 꿈의 에너지

서로 먹고 먹히는 작은 생명체부터 문명을 건설하고 전쟁을 벌이는 국가에 이르기까지 모든 존재는 에너지를 놓고 목숨을 건 투쟁을 벌여왔다고 해도 과언이 아니야. 산업 혁명 이후로 인류는 에너지를 활용하는 데 완전히 새로운 수준으로 도약했어. 그리고 그 결과 삶의 질이 엄청나게 올라갔지. 하지만 그 뒷면에는 화석 연료의 고갈이라는 그림자가 따라다녔고, 이제 지구 온난화라는 문제까지 앞길을 막아서고 있어. 지금 우리가 누리는 것을 계속해서 누리면서 자원 고갈과 지구 온난화를 피해 갈 수는 없을까?

그에 대한 답으로 사람들이 오랫동안 품어 온 꿈이 바로 '핵융합 에너지'야. 우리가 누리는 에너지는 대부분 태양에서 나오지. 그렇다면 태양이 에너지를 만드는 방법을 우리가 모방할 수는 없을까? 1장에서

127　　　　　　　　　　　　　　　　**6장** 작은 태양을 만들 수는 없을까?

태양의 중심에서 엄청난 압력을 받은 수소 원자핵들이 합쳐져 헬륨 원자핵이 되면서 많은 에너지를 내놓는다고 했지? 이것을 지구에서 똑같이 재현해서 에너지를 얻으려고 하는 것이 '핵융합 발전'이야.

핵융합이 꿈의 에너지라고 불리는 이유는 실현만 된다면 막대한 에너지를 얻을 수 있기 때문이지. 이론적으로 핵융합 발전은 연료 1g으로 석탄 40톤, 석유 8톤에 맞먹는 에너지를 얻을 수 있어. 화석 연료보다 수백, 수천만 배나 더 많은 에너지를 얻을 수 있다는 뜻이지. 더구나 탄소를 배출하지 않기 때문에 지구 온난화 걱정도 없어. 실현만 된다면 정말 꿈과 같은 에너지일 거야.

에너지와
핵분열

에너지와 관련해 세상에서 가장 유명한 공식이 뭘까? 20세기 초 알베르트 아인슈타인이 발견한 특수 상대성 이론에서 등장한 공식이야. '질량 에너지 등가 법칙'이라고도 불리지.

$$E = mc^2$$

상대성 이론을 지금 당장 이해하는 건 쉽지 않으니 역사적인 측면으로 소개해 볼게. 지동설로 유명한 갈릴레이 갈릴레오는 '일정한 속도로 운동하는 장소'에서 일어나는 운동 법칙은 정지한 곳에서 일어나는 물체의 운동과 똑같다고 주장했어. 이것을 '갈릴레오의 상대성 원리'라고 해.

그 후 아이작 뉴턴은 '관성의 법칙', '가속도의 법칙', '작용·반작용 법칙'이라는 세 가지 운동 법칙을 발견했지. 사람들은 갈릴레오와 뉴턴의 설명으로 우주에서 관찰할 수 있는 모든 물체의 운동을 설명할 수 있고 물리학이 완성되었다고 생각했어. 이것을 '고전 역학'이라고 하지.

그런데 마이클 패러데이와 제임스 맥스웰이 발견한 전기와 자기의 세계에서 일어나는 일은 고전 역학과 맞아떨어지지 않았어. 맥스웰의 전자기파 방정식에 따르면 빛의 속도는 변하지 않는 고정된 상수야. 실제로 과학자들이 실험으로 측정한 빛의 속도는 광원의 운동 방향이나 속도와 관계없이 항상 일정했어. 고전 역학과 빛의 속도의 절대 불변은 모순을 일으켰지.

시간과 공간이 변할 수 있다

고전 역학의 모순점을 파고들어서 세상을 바라보는 관점을 완전히 뒤집어 놓은 사람이 바로 알베르트 아인슈타인이야. 그는 빛의 속도가 어떤 경우에도 변하지 않고 질량을 가진 어떤 물체도 빛의 속도 이상으로 가속될 수 없다는 전제로부터 굉장히 받아들이기 힘든 결론을 도출했어. 우선 시간과 공간이 상대적이어서, 빛의 속도에 가깝게 운동하는 물체 안에서는 시간이 길어지고 공간이 운동 방향으로 수축된다고 주장했어.

영화 〈인터스텔라〉에서 주인공이 엄청나게 빠른 우주선을 타고 우

주 여행을 하고 돌아왔을 때 어린 딸은 할머니가 되어 있었어. 이것이 바로 상대성 이론의 '시간 지연' 효과야.

상대성 이론은 시간과 공간의 절대성뿐만 아니라 그 당시까지 절대적인 법칙으로 생각되었던 '질량 보존 법칙'과 '에너지 보존 법칙'도 흔들어 놓았어. 에너지와 질량이 따로따로 보존되는 것이 아니라 에너지는 질량으로, 질량은 에너지로 변환될 수 있으며, 질량을 가진 물질은 에너지의 한 형태라는 것이 아인슈타인의 결론이거든. 이것을 공식으로 표현한 것이 바로 $E=mc^2$이야. 보통 '이는 엠시 제곱'이라고 읽지.

$E=mc^2$에서 E는 에너지, m은 물체의 질량, c는 빛의 속도야. 좀 더 이해하기 쉬운 다른 공식을 먼저 살펴볼까? 뉴턴의 두 번째 운동 법칙이 $F=ma$인데, F는 힘, m은 물체의 질량, a는 가속도야. 간단히 말해서 물체에 힘을 가하면 속도가 계속 높아진다는 거지. 이건 금방 이해가 되지? 움직이는 물체를 세게 밀면 더 빠르게 움직일 거고, 자전거 페달을 세게 밟으면 더 빠르게 나가겠지?

그런데 아무리 힘을 가해도 빛의 속도 이상으로 가속할 수는 없어. 빛의 속도가 고정되어 있는데 물체에 계속 힘, 즉 에너지를 가하면 어떻게 될까? 어떤 물체에 힘을 계속 가해 빛의 속도까지 도달한다고 가정해 보자. 어떤 것도 빛의 속도를 뛰어넘을 수 없으므로 더 이상 속도를 늘릴 수 없겠지? 그러면 $F=ma$에서 가속도, 즉 a가 늘어날 수 없으므로 가해진 힘(F)만큼 물체의 질량(m)이 늘어나게 될 거야. 실제로 입자 가속기에서 작은 입자를 빛의 속도에 가까울 정도로 가속하면 입자의 질량이 크게 늘어나는 것이 실험으로 증명되었어.

이렇게 아인슈타인은 모든 물체는 운동을 하지 않는 상태에서도 질량만으로 에너지를 가지고 있고, 그것도 질량에 빛의 속도인 c를 두 번 곱한 값만큼 어마어마하게 큰 에너지를 가지고 있다는 것을 알아냈어.

이 공식에서 c에 해당하는 빛의 속도는 얼마나 될까?

299,792,458m/s. 그러니까 초속 약 30만km 정도야. 이것만으로도 엄청나게 큰 수인데 이걸 제곱하면 더더욱 큰 수가 되겠지($8.98755179 \times 10^{16}$). 이렇게 큰 수를 곱하기 때문에 아주 작은 물질에도 엄청나게 큰 에너지가 들어 있는 셈이야.

그렇지만 일반적으로는 질량이 손쉽게 에너지로 바뀌지는 않아. 우리가 경험하는 세계는 화학 반응을 할 때 반응물과 생성물의 질량이 똑같다는 '질량 보존의 법칙'이 성립하는 세계니까. 이미 만들어진 원자라는 레고 조각을 이리저리 조합하는 과정에서 레고 조각은 없어지지도 바뀌지도 않지. 그런데 애초에 이 원자라는 레고 조각이 새롭게 만들어지거나 부서지는 매우 특별한 과정에서는 아인슈타인의 $E=mc^2$이 성립돼. 원자의 정체성을 결정하는 원자핵이 변화하는 핵반응에서는 질량이 변화하는 것을 관찰할 수 있거든.

1938년 독일의 화학자 오토 한과 프리츠 슈트라스만이 우라늄에 중성자를 충돌시켜서 바륨과 크립톤이라는 더 작은 원소들로 쪼갰어. 그리고 이 과정에서 중성자가 2~3개가 더 나와서 연쇄적으로 반응을 일으킨다는 것을 발견했지. 이 실험의 의미를 정확하게 해석한 것은 같은 연구소에 있었던 여성 물리학자 리제 마이트너야.

커다란 원소의 원자핵이 분열될 때 쪼개진 원자들과 함께 나온 중성자의 질량을 측정해 보면 원래 원자의 질량보다 적어. 이것을 '핵반응의 질량 결손'이라고 해. 그 줄어든 질량은 열과 빛과 방사선의 형태의 에너지로 전환되지. 이때 생성되는 에너지의 양은 사라진 질량을 $E=mc^2$ 공식으로 환산한 값에 해당돼.

우리는 핵반응에서 생성된 에너지를 유용하게 쓰고 있어. 오늘날 우리나라에서 원자력 발전이 전기 생산의 약 4분의 1 이상을 담당하고 있거든. 핵분열에서 나온 에너지로 물을 데우고 증기로 터빈을 돌려 전기를 얻는 것이 원자력 발전이지.

핵이 충돌해 융합하면
큰 에너지가 나온다

우라늄과 같이 큰 원자의 원자핵이 분열할 때 질량이 약간 줄어들면서 엄청난 에너지가 생성된다고 했지? 반대로 수소와 같이 작은 원소의 원자핵이 충돌해서 그보다 큰 원소가 될 때도 질량이 줄어들면서 엄청난 에너지가 나와. 이것이 바로 '핵융합'이란다.

1920년 영국의 천문학자 아서 스탠리 에딩턴은 《별의 내부 구성》이라는 책에서 태양을 비롯한 별이 방출하는 에너지가 별의 내부에서 핵융합을 통해 생성된다고 추측했어. 1934년에 물리학자인 어니스트 러더퍼드, 마크 올리펀트, 폴 하텍은 중수소 입자를 충돌시키는 실험을 하다가 핵융합이 일어나는 것을 관찰했지.

1939년 독일의 물리학자 한스 베테는 에딩턴의 아이디어를 발전시켜서 별의 내부에서 일어나는 수소 핵융합 과정을 정교하게 설명하고 더 나아가 거대한 별에서 헬륨 이후의 핵융합이 일어나는 과정까지 설명하는 이론을 내놓았어. 그는 훗날 이 업적으로 노벨상을 받았어.

과학자들은 핵융합의 원리를 알아낸 이후로, 핵분열을 이용해 원자력 발전을 하듯, 핵융합을 이용해서 전기를 생산할 방법을 궁리했어. 사실 핵융합 발전에 대한 이론적 가능성은 원자력 발전과 거의 비슷한 시기에 발견되었어. 제2차 세계 대전 중 시카고에 최초의 핵분열 원자로를 건설하는 프로젝트를 주도한 이탈리아 물리학자 엔리코 페르미는 1945년 말 맨해튼 프로젝트 보고 회의에서 발전용 핵융합 원자로에 대한 구상을 발표했지.

1951년 영국 케임브리지의 캐번디시 연구소에서 존 콕크로프트와 어니스트 월튼이 세계 최초로 작동하는 핵융합로를 만들었어. 그리고 1952년에는 천체물리학자 라이먼 스피처가 핵융합로에서 플라스마를 제어하고 가둘 수 있는 '자기 감금' 개념을 제안했고 이 개념이 러시아의 '토카막'으로 이어져서 오늘날 핵융합 연구의 주류로 자리 잡게 되었어. 1980년대부터 유럽의 JET, 미국의 DIII-D, 일본의 JT-60U 등 각국이 토카막 방식의 핵융합로를 건설하고 핵융합 연구를 수행하고 있지.

20세기 중반 내내 핵무기 개발 경쟁을 벌이던 미국과 소련은 1985년 미국 로널드 레이건 대통령과 소련 미하일 고르바초프 서기장의 정상 회담에서 평화적 핵융합 연구 개발 추진에 관한 공동 성명을 채택하면서 국제 열핵융합 실험로(International Thermonuclear Experimental Reactor, ITER)를 만들기로 했어. 초기에는 미국, 러시아, 유럽 연합,

ITER 건설 현장

일본이 참여했고, 2003년에는 우리나라와 중국이, 2005년에는 인도까지 참여해서 프랑스에 ITER라는 거대한 핵융합로를 짓고 있어. ITER의 건설 현장은 축구장의 60배에 이르는 어마어마한 규모야. 예산에 있어서도 과학 분야의 국제적 협력 프로젝트 중 가장 큰 규모라고 해. ITER는 2025년 완공 예정이고 2035년부터 핵융합 발전을 시작한다는 목표를 갖고 있지.

원자핵 충돌시키기

핵융합이 일어나려면 일단 원자핵들끼리 부딪혀야 해. 그런데 1장에서 살펴본 수소 원자의 모습을 상상해 봐. 텅 빈 공간의 한가운데 아주 작은 원자핵이 있고 그보다 훨씬 더 작은 전자가 멀리서 원자핵을 돌고 있지. 보통 원자핵에 접근하려면 일단 전자의 경비를 뚫어야 해. 그건 온도를 높여서 '플라스마' 상태를 만들어서 해결할 수 있어. 플라스마는 고체, 액체, 기체에 이어 제4의 물질 상태라고도 부르는데, 물질을 높은 온도로 가열하거나 전기장을 걸고 에너지를 가해 원자핵과 전자가 분리된 상태를 말해.

138

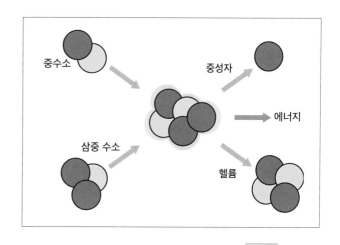

중수소

중성자

삼중 수소

에너지

헬륨

핵융합 반응

    수소를 플라스마로 만들면 원자핵들이 자유롭게 돌아다니니까 서로 만날 수 있겠지? 그런데 문제는 원자핵들이 서로를 원수처럼 싫어해서 되도록 멀리 떨어지려고 한다는 거야. 원자핵은 양전하를 띠고 있고, 같은 전하를 띤 입자들 사이에는 서로 밀어내는 전기력이 작용하기 때문이지.

    이렇게 서로 싫어하는 원자핵을 붙여 놓으려면 원자핵들을 엄청 작은 공간에 밀어 넣거나(압력을 높이거나) 원자핵들이 엄청 빠르게 돌아다니도록 해야(온도를 높여야) 해. 태양의 내부가 바로 그런 조건이지. 태양 내부에서는 보통의 수소들이 핵융합 반응에 참여하지만, 핵융합로에서는 대부분 중수소와 삼중 수소를 충돌시켜. 오직 양성자 1개만으로 이루어진 수소 원자핵보다는 중성자가 1~2개 붙어 있는 원자핵이 서로 밀어내는 전기력을 완화할 수 있기 때문이지.

에너지 장벽 넘기

　　원자핵들이 일단 전기력을 극복하고 충분히 가까워지면 핵력이 작용해서 융합이 일어날 수 있어. 그런데 서로 밀어내는 전기력을 극복하기 위해서는 높은 에너지가 필요해. 핵융합 반응에 도달하기 위해 뛰어넘어야 할 에너지 장벽인 셈이지. 장벽 너머에는 에너지가 콸콸 흘러넘치는 오아시스가 있지만 거기에 도달하려면 일단 매우 높은 장벽을 뛰어넘어야 해.

　태양의 중심부 온도는 약 1500만℃야. 그런데 인공 태양의 온도는 그보다 훨씬 더 높아야 해. 왜냐하면 진짜 태양 중심부는 어마어마하게 압력이 높은데 지구에서는 그렇게 압력이 높은 상태를 만들 수 없거든. 그렇기 때문에 온도를 태양보다도 더 높여서 플라스마 상태를 유지하고 원자핵들이 충분히 자주 부딪히도록 해야 하지. 여기에 필요한 온도가 최소 1억℃야. 원래 에너지 장벽을 넘으려면 30억℃가 필요한데 다행히도 '터널 효과'라는 양자역학적 현상 덕분에 1억℃만으로도 가능해. 높은 산을 넘는 대신 마치 터널을 통과하듯 원자핵을 구성하는 일부 입자가 에너지 장벽을 건너갈 수 있어서 훨씬 낮은 온도로 핵융합을 일으킬 수 있는 거야.

　과학자들은 핵융합로에서 연료를 1억℃ 이상으로 가열하기 위해 여러 가지 방법을 동원하고 있어. 원자로 내에 전압을 걸어 전류가 흐르게 하면 전기 저항이 생겨서 열이 발생해. 원자핵과 전자들이 반대 방향으로 흐르면서 충돌하는 거지. 이건 인덕션이나 전기장판이 뜨거워지는 것과 비슷한 원리야. 하지만 플라스마는 온도가 올라갈수록 저항이 약해지는 특성이 있어서 이 방법으로 올릴 수 있는 온도에는 한계가 있어.

그다음으로는 고에너지 입자를 가속하여 중성으로 만든 뒤 플라스마에 주입해서 에너지를 전달하는 방법이야. 굴러가는 당구공이 다른 공과 부딪혀 운동 에너지를 전달하는 것과 같은 원리지. 또 전자의 회전 주파수에 맞는 고주파 전자기파를 쏴서 전자를 진동시켜 가속하는 방법도 있어. 이건 마이크로파로 음식 속의 물 분자를 진동시켜 가열하는 전자레인지와 비슷한 원리야.

플라스마 가두기

영화 〈아이언맨〉을 보면 아이언맨 수트의 가슴 부분에 동그란 '아크 원자로'가 달려 있어. 지구를 구하느라 종횡무진하는 아이언맨에게 에너지를 공급하는 아크 원자로는 토카막 방식의 핵융합로를 모델로 하고 있지.

토카막은 커다란 도넛처럼 생긴 장치야. 도넛 한가운데에 '솔레노이드'라는 둥근 기둥같이 생긴 장치가 들어 있어. 솔레노이드는 도선을 촘촘하고 균일하게 원통형으로 길게 감아 만든 전자석이야. 도선에 전기를 흘려 주면 자기력이 생기는데 전류를 조절해서 자기력에 변화를 주면 전기가 유도돼. 바로 마이클 패러데이가 발견한 '전자기 유도 법칙'이야. 그 결과 도넛 내부에서 플라스마, 즉 양전하를 띤 원자핵과 음전하를 띤 전자가 반대 방향으로 이동하며 전류가 흐르기 시작하지.

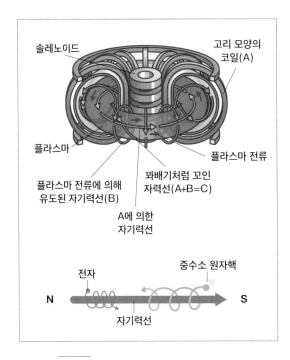

플라스마 전류에 의해
유도된 자기력선(B)

솔레노이드

플라스마

고리 모양의
코일(A)

플라스마 전류

꽈배기처럼 꼬인
자력선(A+B=C)

A에 의한
자기력선

전자

중수소 원자핵

N

자기력선

S

토카막 장치 구조

도넛을 세로로 둘러싸는 고리와 같은 코일(A)이 있는데 여기에 전기를 흘리면 도넛 내부에 전류와 수평으로 자기력선이 형성돼. 플라스마 입자들은 자기력선을 따라서, 자기력선을 나선처럼 휘감으면서 앞으로 나가. 토카막은 이 자기력선의 양 끝을 이어 붙여서 플라스마 입자들이 도망가지 못하고 계속 도넛 안을 빙빙 돌도록 만든 장치야.

또 플라스마 입자가 이동하면서 생기는 전류에 의해 도넛을 수직으로 둘러싸는 고리와 같은 방향의 자기력선이 생겨(B). 수평 방향의 자기력선과 수직 방향의 자기력선이 합해져서 실제로는 꽈배기처럼 꼬인 모양의 자력선이 만들어져(C). 이렇게 설계함으로써 자기력선의 밀도가 안쪽으로 몰리지 않고 골고루 분포하도록 하지.

그런데 왜 이렇게 복잡한 장치를 설계한 걸까? 핵융합을 일으키려면 플라스마 온도를 1억℃ 이상 올려야 하고 이 정도의 온도에서는 어떤 물질도 녹아 내릴 거야. 그러니까 플라스마와 닿지 않으면서 플라스마를 담아 두기 위해 고안한 방법이 바로 도넛 모양의 용기 안에 플라스마를 공중 부양시켜서 가두는 거지. 실제로 토카막을 '자기 가둠 장치'라고도 해.

핵융합 에너지를 전기로

이렇게 플라스마를 도넛 내부에 가두고 가열시켜서 1억℃ 이상으로 오랫동안 유지해 주면 핵융합이 일어나기 시작하고, 핵융합에서 나오는 에너지로 플라스마가 스스로 고온을 유지하면서 연속적으로 반응을 이어 나갈 수 있게 될 거야.

그런데 용기에 닿지 않도록 공중 부양시킨 플라스마의 에너지를 어떻게 빼서 쓸 수 있을까? 그 비밀은 중성자에 있어.

중수소와 삼중 수소의 원자핵들이 융합해서 헬륨 원자핵이 되면 중성자 1개가 나와. 중성자는 전기적으로 중성이기 때문에 전압을 받아 자기력선 주변을 뱅뱅 돌며 나아가는 플라스마의 행렬에 동참하지 않고 엄청난 에너지를 가지고(엄청난 속도로) 밖으로 튕겨 나가서 도넛의 안쪽 벽면에 부딪혀. 이 충돌이 도넛 내벽(담요라는 뜻의 '블랭킷')의 온도를 올리고 그 열로 터빈을 돌려서 전기를 만드는 거지.

게다가 도넛 내벽의 한 층에 리튬이 들어 있는데, 리튬은 중성자와 만나면 핵반응을 일으켜서 삼중 수소를 만들어. 핵융합 원료 중 중수소는 물에서 얻을 수 있지만 삼중 수소는 자연에 존재하지 않아서 인공적으로 만들어야 해. 핵융합 과정에서 튀어나온 중성자에서 열을 얻으면서 한편으로 삼중 수소까지 생산할 수 있으니 금상첨화인 셈이지.

한국의 인공 태양 K-STAR

우리나라에도 인공 태양, 즉 실험용 핵융합로가 있어. 이름은 K-STAR, 한국 초전도 토카막 첨단 연구장치(Korea Superconducting Tokamak Advanced Research)의 약자이면서 '대한민국의 별'이라는 의미지. K-STAR는 2007년에 대전광역시 유성구에 지어졌어.

세계에는 토카막 방식의 핵융합 연구용 인공 태양이 100개가 넘는데, K-STAR는 성능이나 업적에 있어서 세계에서 최고 수준에 속하는 아주 우수한 장치야.

2021년 6월 K-STAR는 핵융합 에너지를 내는 데 핵심 조건인 1억 ℃의 초고온 플라스마를 30초간 유지해서 초고온 플라스마 장시간 운전 세계 기록을 세웠어. 물리학자들은 플라스마를 100초 정도 유지할 수 있으면 지속적인 운전이 가능하다고 생각하고 있어.

K-STAR의 또 다른 자랑거리는 세계 최초로 신소재 초전도 자석을 사용해서 만들어진 핵융합로라는 거야. '초전도체'란 매우 낮은 온도에서 전기 저항이 거의 사라지는 물질을 말해. 플라스마 상태를 만들고 이온들을 공중 부양시켜 가두기 위해 거대한 전자석을 도넛 가운데와 주위에 설치한다고 했지? 이 전자

> * **절대 0도** 기체의 압력이 0이 되는 지점의 온도로 0K로 표기한다. 섭씨 온도로는 -273.15℃.

석을 초전도체 소재로 만들면 전기 저항 없이 강한 전류를 흘려 줄 수 있어. 태양보다 뜨거운 플라스마를 가두기 위해 절대 0도*에 가까운 낮은 온도의 물질을 사용하는 셈이야.

레이저 방식 핵융합

2022년 12월 5일 미국 로렌스 리버모어 연구소의 국립 점화 시설(National Ignition Facility, NIF)에서 투입 에너지보다 더 큰 출력 에너지를 얻었다는 소식이 발표되어 세상을 떠들썩하게 만들었어. 핵융합 장치의 이름에 '점화'라는 단어가 있지. 점화란 불을 붙인다는 의미야. 옛날 원시인들이 부싯돌을 부딪쳐 불꽃을 얻는 것이나 가스레인지의 손잡이를 돌려 가스 연료에 불을 붙이는 것과 같은 것을 점화라고 하지.

NIF에서 점화하는 방식은 장치의 가운데에 매우 작은 공 모양으로 만든 연료(팰릿)를 놓고 사방에 설치한 192개의 레이저가 동시에 정확하게 한 점으로 레이저를 쏴서 에너지를 가하는 거야. 레이저의 빛을 받으면 팰릿 표면은 순간적으로 엄청나게 온도가 올라가서 증발해 버리고 그 반작용으로 팰릿 내부가 급격하게 수축해서 내폭을 일으켜. 그 결과 구의 중심부에 엄청나게 높은 압력과 온도가 형성되면서 핵융합이 일어나는 거지. 토카막이 '자기 가둠 방식'인 것에 반해 레이저 핵융합은 연료 팰릿 내부에서 핵융합이 일어나기 때문에 '관성 가둠 방식'이라고 불러.

로렌스 리버모어 연구소에서는 2.05메가줄(MJ)의 에너지를 투입해 3.15MJ의 에너지를 얻음으로써 투입한 에너지보다 핵융합으로 나온 에너지가 더 많은 상태, 에너지의 순이익 상태를 달성했어. 이것은 핵융합 역사에서 아주 커다란 이정표야. 그렇다면 이제 레이저 방식의 핵융합으로 무한 청정 에너지를 당장 얻을 수 있을까? 그리고 K-STAR 나 ITER와 같은 토카막 방식은 더는 필요하지 않게 된 걸까?

과학자들은 둘 다 아니라고 말하고 있어. 일단 NIF 실험에서 발표한 투입 에너지인 약 2.05MJ은 순수하게 레이저를 통해 전달한 에너지만 말한 것이므로 레이저를 쏘기 위해 들어가는 에너지 전체를 따지면 실제로는 몇십, 몇백 배의 에너지가 투입되었지. 그리고 레이저 방식의 핵융합도 일단 불을 붙이는 데는 성공했지만, 이것을 지속해서 유지하고 전기를 만들어 내기 위해서는 해결해야 할 기술적 문제가 많아. 핵융합 에너지는 뜨거운 플라스마가 팽창하기 전, 짧은 순간에 방출돼. 에너지를 연속적으로 생산하기 위해서는 연료 캡슐을 반응 챔버에 계속해서 투입해야 하는데 대략 1초에 10회 정도 교체해야 할 것으로 추정하고 있어. 아직 가야 할 길이 멀지.

핵융합의 전망

핵융합 발전에 관해서는 낙관적인 전망과 비관적인 전망이 왔다 갔다 해 왔어. ITER의 건설이 늦어지고 예산이 늘어나면서 그동안은 비관론이 우세한 편이었지. 그러다가 2022년 12월 NIF에서 투입량보다 높은 에너지 산출량을 기록하면서 희망과 낙관론이 다시 떠오르고 있는 상태야. 현재 각국의 연구소뿐만 아니라 수많은 스타트업 기업들이 핵융합 기술에 도전하고 있어. 마이크로소프트 창업자 빌 게이츠, 아마존 창업자 제프 베이조스, 오픈AI 창업자 샘 올트먼 등 IT 산업의 거물들도 이런 스타트업에 투자하고 있고.

하지만 대부분의 전문가들은 2050년 이전에는 핵융합을 통해 대규모 에너지를 생산하기는 어려울 것이라고 말해. 심지어 그보다 더 걸릴 수도 있다고 보기도 해. 그래서 과학자들은 핵융합 기술만 믿고 지구 온난화에 안일하게 대처해서는 절대로 안 된다고 경고하고 있어. 화석 연료에 의존하는 비율을 계속 줄여서 신재생 에너지와 수소 에너지를 활용해야 한다고 말이야. 그렇다 하더라도 개발 도상국에 사는 사람들이 삶의 질을 높이기 위해서는 현재보다 엄청나게 많은 에너지가 필요한 게 사실이야. 그래서 핵융합은 반드시 실현해야 할 절실한 목표인 것은 틀림없어.

신재생 에너지 시대에도, 핵융합 에너지 시대에도, 그 중심에 수소가 있다는 사실을 기억하자!

원자 폭탄과 수소 폭탄, 핵분열과 핵융합

지금까지 핵분열과 핵융합을 에너지 관점에서 바라봤지만, 핵이 사람을 살상하는 무기로 먼저 개발되었다는 것이 슬픈 사실이야. 보통 핵폭탄이라고 하면 핵분열을 이용하는 원자 폭탄과 핵융합을 이용하는 수소 폭탄 또는 열핵 폭탄을 모두 가리켜.

원소 주기율표의 맨 앞에 있는 가장 작고 가벼운 수소의 핵융합과, 원소 주기율표 아래에 있는 원자 번호 92번인 무거운 원소 우라늄의 핵분열. 이렇게 상반되어 보이는 두 현상이 $E=mc^2$ 공식이 적용되는 핵반응이라는 면에서는 같아.

제2차 세계 대전 중에 독일의 물리학자 오토 한과 리제 마이트너는 우라늄의 핵분열 현상을 발견했어. 과학자들은 이것이 엄청난 위력을 지닌 폭탄으로 이어질 수 있다는 것을 깨달았지. 당시 독일의 나치 정부는 유대인을 수용소에 잡아 가두고 독가스로 죽이는 끔찍한 만행을 저질렀지. 많은 유럽의 과학자들, 특히 유대인 과학자들은 나치를 피해 미국으로 건너갔어. 그들은 독일이 원자 폭탄을 개발하고 있다고 미국 정부에 전하면서 아인슈타인을 내세워 미국 트루먼 대통령에게 편지를 보내 연합군이 나치보다 먼저 폭탄을 개발해야 한다고 호소했지. 그 결과 '맨해튼 프로젝트'가 시작되었어.

미국 정부는 당시 최고의 과학자들을 뉴멕시코주 로스앨러모스에 모아 놓고 핵분열 반응을 이용한 원자 폭탄을 개발하도록 했어. 뛰어난 물리학자였던 로버트 오펜하이머가 과학자들을 진두지휘

맨해튼 프로젝트의 원자 폭탄 실험

해서 결국 원자 폭탄을 만드는 데 성공했지. 그리고 1945년 8월 초, 끝까지 항복하지 않고 저항하던 일본에 원자 폭탄을 투하했어. 6일 히로시마에 '리틀보이'라는 이름의 우라늄 폭탄을, 그리고 9일 나가사키에 '팻맨'이라는 플루토늄 폭탄을 떨어뜨렸어. 며칠 뒤 8월 15일 일본은 무조건 항복을 선언했어. 이렇게 전쟁이 끝났지만, 원자 폭탄 투하로 많은 사람들이 죽었고, 살아남은 사람들도 방사선 피폭을 입어 오랫동안 큰 고통을 받았어. 원자 폭탄은 인류가 발명한 가장 끔찍한 살상 무기였지.

원자 폭탄 투하 이후로 맨해튼 계획에 참여했던 과학자들은 둘로 나뉘었어. 개발의 총책임자로 '원자 폭탄의 아버지'라는 별명이 붙었던 오펜하이머는 실제로 원자 폭탄이 투하된 이후의 비극적인 결과에 충격을 받아 수소 폭탄 개발을 반대하고 핵 확산 방지를 위해 세계가 협력해야 한다고 주장했어.

하지만 전쟁이 끝나자마자 세계는 자유 진영과 공산 진영으로 갈라져서 냉전 시대로 들어갔지. 세계를 공산화하려는 목표를 가진 소련의 위협과 맨해튼 계획에서 핵무기 개발 정보를 소련으로 빼돌린 스파이 사건 속에서 미국 정부는 수소 폭탄 개발에 박차를 가했어.

오펜하이머의 뒤를 이어 수소 폭탄 개발을 지휘한 사람은 에드워드 텔러였어. 그는 수소의 핵융합은 매우 일으키기 힘들지만, 핵분열에서 나오는 에너지를 기폭제로 이용하면 융합을 일으킬 수 있을 것이라고 생각했어. 1950년대 초 에드워드 텔러와 수학자 스타니스와프 울람은 수소 폭탄 개발에 성공했어. 1952년 '아이비 마이크'라는 작전명의 수소 폭탄 실험이 성공을 거두었고, 그 이후 미국과 소련은 경쟁적으로 더 강력한 수소 폭탄을 개발하는 군비 경쟁에 들어갔지.

1968년 '핵 확산 금지 조약(NPT)'을 맺으면서 세계는 핵무기 개발 경쟁을 자제하고, 이미 만들어진 핵무기도 줄여 가기로 합의했어. 그럼에도 파키스탄, 북한과 같은 일부 국가들이 여전히 핵무기를 개발하고 있고, 기존의 핵무기 보유 국가들도 개발한 무기를 폐기하지 않은 채 그대로 가지고 있지. 하지만 핵 확산 금지 조약이 핵무기의 확산을 막는 데 필요한 최소한의 장치이고 평화를 위한 국제 협력의 중요한 이정표인 것은 틀림없어.

수소 핵융합은 전쟁 중에 잉태해서 냉전 시대에 태어났고, 수소 폭탄이라는 질풍노도의 성장기를 보냈지만, 이제는 성숙한 모습으로 돌아와 지구 온난화와 에너지 문제에서 지구를 구해 줄 슈퍼히어로가 되기를 간절히 바라는 마음이야.

원소 주기율표

표기법:

원자 번호
기호
원소 이름

족 / 주기	1	2	3	4	5	6	7	8	9
1	1 **H** 수소								
2	3 **Li** 리튬	4 **Be** 베릴륨							
3	11 **Na** 소듐	12 **Mg** 마그네슘							
4	19 **K** 포타슘	20 **Ca** 칼슘	21 **Sc** 스칸듐	22 **Ti** 타이타늄	23 **V** 바나듐	24 **Cr** 크로뮴	25 **Mn** 망가니즈	26 **Fe** 철	27 **Co** 코발트
5	37 **Rb** 루비듐	38 **Sr** 스트론튬	39 **Y** 이트륨	40 **Zr** 지르코늄	41 **Nb** 나이오븀	42 **Mo** 몰리브데넘	43 **Tc** 테크네튬	44 **Ru** 루테늄	45 **Rh** 로듐
6	55 **Cs** 세슘	56 **Ba** 바륨	57-71 란타넘족	72 **Hf** 하프늄	73 **Ta** 탄탈럼	74 **W** 텅스텐	75 **Re** 레늄	76 **Os** 오스뮴	77 **Ir** 이리듐
7	87 **Fr** 프랑슘	88 **Ra** 라듐	89-103 악티늄족	104 **Rf** 러더포듐	105 **Db** 더브늄	106 **Sg** 시보귬	107 **Bh** 보륨	108 **Hs** 하슘	109 **Mt** 마이트너륨

금속성 증가 ↓

6	57 **La** 란타넘	58 **Ce** 세륨	59 **Pr** 프라세오디뮴	60 **Nd** 네오디뮴	61 **Pm** 프로메튬	62 **Sm** 사마륨	63 **Eu** 유로퓸
7	89 **Ac** 악티늄	90 **Th** 토륨	91 **Pa** 프로트악티늄	92 **U** 우라늄	93 **Np** 넵투늄	94 **Pu** 플루토늄	95 **Am** 아메리슘

← 금속성 증가

비금속성 증가 →

비금속
준금속
금속

						18
						2 **He** 헬륨

13	14	15	16	17	
5 **B** 붕소	6 **C** 탄소	7 **N** 질소	8 **O** 산소	9 **F** 플루오린	10 **Ne** 네온
13 **Al** 알루미늄	14 **Si** 규소	15 **P** 인	16 **S** 황	17 **Cl** 염소	18 **Ar** 아르곤

10	11	12						
28 **Ni** 니켈	29 **Cu** 구리	30 **Zn** 아연	31 **Ga** 갈륨	32 **Ge** 저마늄	33 **As** 비소	34 **Se** 셀레늄	35 **Br** 브로민	36 **Kr** 크립톤
46 **Pd** 팔라듐	47 **Ag** 은	48 **Cd** 카드뮴	49 **In** 인듐	50 **Sn** 주석	51 **Sb** 안티모니	52 **Te** 텔루륨	53 **I** 아이오딘	54 **Xe** 제논
78 **Pt** 백금	79 **Au** 금	80 **Hg** 수은	81 **Tl** 탈륨	82 **Pb** 납	83 **Bi** 비스무트	84 **Po** 폴로늄	85 **At** 아스타틴	86 **Rn** 라돈
110 **Ds** 다름슈타튬	111 **Rg** 뢴트게늄	112 **Cn** 코페르니슘	113 **Nh** 니호늄	114 **Fl** 플레로븀	115 **Mc** 모스코븀	116 **Lv** 리버모륨	117 **Ts** 테네신	118 **Og** 오가네손

↑ 비금속성 증가

64 **Gd** 가돌리늄	65 **Tb** 터븀	66 **Dy** 디스프로슘	67 **Ho** 홀뮴	68 **Er** 어븀	69 **Tm** 툴륨	70 **Yb** 이터븀	71 **Lu** 루테튬

96 **Cm** 퀴륨	97 **Bk** 버클륨	98 **Cf** 캘리포늄	99 **Es** 아인슈타이늄	100 **Fm** 페르뮴	101 **Md** 멘델레븀	102 **No** 노벨륨	103 **Lr** 로렌슘

　올해 여름은 유난히 무덥고 길었어. 이제 자라나는 어린이들은 추석이 여름에 찾아오는 명절로 기억하지 않을까 하는 생각마저 들었지. 지구가 점점 더워지고 있다는 것은 과학적 증거나 정치적 논쟁을 떠나서 현실이 되어 가고 있어.

　지구가 더워지면 단순히 여름이 덥고 길어져서 힘든 것으로 끝나지 않아. 허리케인이나 태풍과 같은 기상 이변이 더 자주, 더 심하게 나타나고, 북극과 남극의 얼음이 녹으면서 해수면이 높아져 많은 땅이 물에 잠기고 사람이 살 수 없게 될 거야. 또 북극의 한파를 막아 주는 제트 기류가 약해져서 여름은 더 덥고, 겨울은 더 추워지겠지.

　이렇게 사람이 살기 힘든 곳이 많아지면 기후 난민이 대량으로 생기고 사회 혼란과 전쟁도 자주 일어나게 될 거야. 이 책의 맨 앞에 등장했던 그레타 툰베리의 날선 비난처럼, 어른으로서 자라나는 세대에게 이런 가혹한 환경의 지구를 물려주게 되어서 정말 미안하고 부끄러운 마음이야.

지금 우리는 지구 온난화가 누구의 잘못인지를 따지기보다 온난화의 위기를 헤쳐 나가는 데 모든 지혜를 모아야 할 때라고 생각해. 지구 온난화 문제의 근원은 산업 혁명 이후 과학과 기술의 발전이었어. 그 과정에서 의도하지 않았던 부작용이 꼬리를 물고 생겼지만, 과학은 또 그 부작용을 고치고 문제를 해결하면서 지금까지 이어져 왔어. 지구 온난화의 해법 역시 우리가 과학에서 찾을 수 있다고 확신해.

이 책을 읽는 친구들은 아마도 과학에 관심이 많고 세상을 알아 나가는 것을 좋아하는 독자일 거야. 지금처럼 열심히 책을 읽고 과학과 세상을 공부해서 우리 삶의 터전인 지구를 더 살기 좋은 곳으로 만드는 어른으로 자라나기를 바라.

과학의 문제를 과학으로 해결하기 위해서는 과학을 배우고 익혀 나가야겠지? 과학을 시작하는 가장 좋은 방법 중 하나는 모든 물질을 구성하는 원소들, 그중에서도 가장 작고 단순하고 기본적인 수소 원소부터 알아 가는 것이라고 생각해. 이 책을 읽고 인류를 위기로부터 구원할 슈퍼히어로로 수소와 조금은 더 친해진 느낌이 들면 좋겠어.

임지원

⑤ 사이언스 틴스 18

궁금했어, 수소

초판 1쇄 인쇄 2024년 12월 2일
초판 1쇄 발행 2024년 12월 12일

글 | 임지원
그림 | 이한아
펴낸이 | 한순 이희섭
펴낸곳 | (주)도서출판 나무생각
편집 | 양미애 백모란
디자인 | 박민선
마케팅 | 이재석
출판등록 | 1999년 8월 19일 제1999-000112호
주소 | 서울특별시 마포구 월드컵로 70-4(서교동) 1F
전화 | 02)334-3339, 3308
팩스 | 02)334-3318
이메일 | book@namubook.co.kr
홈페이지 | www.namubook.co.kr
블로그 | blog.naver.com/tree3339

ISBN 979-11-6218-334-2 73430